人造麥田圈的科學知識

假麥田圈才是真科學

Fake Crop Circle, Real Science

成功大學
航太工程研究所 教授
楊憲東◎著

序言

麥田圈的外在表現是人文藝術，麥田圈形成的內在機制是科學原理，而麥田圈的實現則是工程技術。

表面上看起來，麥田圈只是大地藝術透過超自然現象的包裝，而達到其背後的廣告宣傳與觀光收益的目的。但是當我們深入探究麥田圈的形成原因與過程時，卻會發現麥田圈所牽涉到的科學多樣性與複雜性，與它表面的藝術與商業價值，一樣精彩甚至更引人入勝。當前的教育強調人文與科技的相容並蓄，而麥田圈即是一個絕佳的教學題材，它除了提供科學與人文的交流介面，它的神秘性與趣味性所能引發的學習動力，則是其他的教學題材所無法比擬的。

目前關於麥田圈的討論太著重於在真假之辨。一方宣稱麥田圈是一種超自然現象，是高等智慧生命傳達給人類的訊息，另一方則反駁說麥田圈根本是人為造假。其實二方的支持者不必這麼水火不容，真、假麥田圈原本是相輔相成，少了假麥田圈，真麥田圈也名存實亡，為什麼呢？

顧名思義，無法用自然科學解釋的現象才能被稱為超自然現象，也正因為如此，我們無法用自然科學的方法去直接證明麥田圈是超自然現象，此即所謂的『真麥田圈是假科學』。在另一方面，那些因自然現象或人為模仿所產生的假麥田圈，則可以透過科學的分析，追查其形成的機制，因此說「假麥田圈才是真科學」。當一個麥田圈經過各種科學方法的分析與鑑定都無法解讀其生成機制時，才可暫時被判定為是超自然現象所為。因此真麥田圈雖然無法直接用科學證明，但可以透過科學排除法，排除了各種可能的假麥田圈之後，進而間接證明其「真」。

仔細想一想，如果我們不能鑑定麥田圈的「假」，如何還原麥田圈的「真」？所以才說，真、假麥田圈是相輔相成，不能單獨存在。超自然現象的支持者若能理解，如果沒有人世間這麼多自然現象與人造現象的陪襯，如何能夠對比出超自然現象的不同？他們或許應該跟麥田圈製造者密切合作，深入調查製造麥田圈的各種科學方法與工具，進而從中確認他們所謂的超自然麥田圈確實無法用已知的科學方法來製造。

本書深入調查了各種假麥田圈（包含自然形成及人為製造）的形成機制，並解析它們背後的科學原理。經過系統化的整理與分析，本書呈現了麥田圈的五大特色，並透過 18 個科學單元，10 組科學實驗，加以分類詳細解說。

- 成因的多樣性：目前世界上出現的各種麥田圈，其形成的原因並不是原先所認知的二分法：不是人力形成，就是超自然力形成。其實用人力踩踏方式製作麥田圈已經落伍了（第 11 單元），而超自然力所形成的麥田圈（第 2 單元）由於鑑定上的困難，其數量也相對較少。反而是另外二個主要成因：自然力與科技力，經常被忽略。產生麥田圈的自然力包含三大效應：氣旋效應（第 3 單元）、地質效應（第

5 單元）與閃電效應（第 6 單元）。用科技力產生麥田圈的方法則包含： 雷射（第 13 單元）、微波（第 14 單元）與超音波（第 16 單元）。由於科技的引入，使得人工智慧麥田圈逐漸往高等智慧麥田圈進化，這也讓人造麥田圈與超自然麥田圈之間的分辨越來越困難。

· 科學的複雜性：麥田圈圖案是由麥稈的倒伏所形成，而導致麥稈倒伏的科學機制需要考慮到眾多外在因子與植物內部組織的交互作用。這些外在因子包含雷射（激光）、電磁波、聲音（超音波）、大氣環境（閃電與氣旋）與地質環境等等。很少有單一教學題材能夠像麥田圈一樣涵蓋這麼廣泛的科普知識。

· 出現的神秘性：麥田圈最震撼人的效果是它出現時機的「隨機性」、圖案完成的「瞬間性」（第 8 單元）以及它所具有的「前世記憶」（第 9 單元）。這三項指標是人力麥田圈所無法達到的，也是判斷超自然麥田圈的主要依據。看似神秘的三項指標，其實背後隱藏著少為人知的科學機制：「蝴蝶效應」、「骨牌效應」與「遽變論」。這些科學機制的引入，使得麥田圈能夠登堂入室，成為正統學術研究的一環。

· 實驗的趣味性：麥田圈是一個科普教育題材的典範，許多隱晦的科學道理可以透過麥田圈的相關實驗來呈現。例如第 6 單元的暗房底片顯影實驗（閃電是自然界的閃光燈，麥田即是底片，閃電對麥田曝光後的成像就是麥田圈圖案）、第 7 單元的靜電場實驗、第 10 單元的探地雷達實驗、第 14 單元的微波爐加熱麥稈彎曲實驗、第 16 單元的克拉尼圖案的展示實驗（聲波的視覺化），以及第 17 單元的聲波對於植物發芽影響的實驗。這些實驗的教學目的，表面上看起來和麥田圈無關，但實際上它們是驗證麥田圈產生機制的重要科學實驗。學校相關的實驗教學，如果能連結到麥田圈的討論，想必會使課程更加新鮮有趣。麥田圈的真真假假，我們不必人云亦云，自己動手做實驗便知真相。

- 科技的整合性：麥田圈不僅是優良的科普教育題材，它也是農業自動化的指標。在最後一個單元中，本書整合農業自動化與機器人農夫的新技術，建構了全自動化的麥田圈製造機。目前先進的農事機器人能夠遵循記憶體內設定的田中路徑，進行播種及採收的動作。因此只要將農事機器人記憶體內的規劃路徑依據麥田圈圖樣加以改寫，並將機器手臂上原有的播種工具，抽換成雷射、超音波或微波發射器（磁控管），那麼機器人農夫即可沿著預先規劃路徑，發射電磁波或聲波到路徑上的小麥上，使其傾倒。如此完成麥田圈圖案的整個過程中，完全不需人力的介入。可以說麥田圈製作自動化的程度，正是反映了農業自動化的程度。

國外現階段還未發展出專門製作麥田圈的機器人，但隨著麥田圈的需求量愈來愈大，麥田圈觀光產業的興盛，將使得這種全自動化麥田圈製作機的研發更形迫切。也許在不久的將來，於各式各樣的機器人大賽中，會出現田間機器人的麥田圈製作比賽，比看哪一台機器人完成麥田圈的速度最快，哪一台完成的麥田圈圖案最具有創意及藝術價值。台灣雖然沒有麥田，但有大面積的稻田與鹽田，這都是田間機器人施展身手的好地方，而其製作的稻田圈與鹽田圈所產生的產業附加價值，將遠遠超乎我們所料。

麥田圈背後的主導者是誰呢？有些人認為是外星人，大部分人認為是人類自己，現在則多出了一名競爭者：機器人。如果爭論始終不休時，就來一場麥田圈 PK 大賽吧！天、地、人三界各派出一組代表，天界的代表是外星人，地界的代表是機器人，人界的代表是地球人。這顯然是一場天馬行空的比賽，但它點出了一個事實：麥田圈的真真假假、虛虛實實，所反映的正是「外星智慧」、「人工智慧」與「人類智慧」，天地人三者之間的一場明爭暗鬥。

楊憲東 2013 年春於台南

單元	科學主題	科學知識	科學實驗
1	假麥田圈才是真科學	假麥田圈的多樣性科學	
2	麥田圈的超自然說	解讀搜尋外星人的二進位碼訊號:Arecibo code	
3	麥田圈的氣旋效應	氣旋形成的大氣原理	「桃樂西」 龍捲風探測實驗
4	龍捲風發電	熱對流原理、溫室效應、大氣壓力的計算	太陽能龍捲風發電實驗
5	麥田圈的地質效應	白堊地質與地下水產生的電磁輻射機制	
6	閃電對大地曝光後的成像:麥田圈	閃電形成的大氣原理;底片成像的化學反應	暗房底片顯影實驗
7	電磁場決定麥田圈圖案	電磁感應與靜電場理論	靜電場實驗
8	麥田圈瞬間形成的機制一蝴蝶效應與骨牌效應	蝴蝶效應、骨牌效應、濾變論	
9	麥田圈具有前世記憶	電磁輻射對植物及土壤的潛伏性傷害	
10	麥田圈圖案是地底結構的反映	電磁波在不同介質內的反射原理	探地雷達實驗
11	人造麥田圈一超自然產業	地景藝術的創作	麥田圈製作 DIY
12	人工智慧麥田圈一高科技的介入		
13	雷射雕刻麥田圈	雷射理論與雷射應用	
14	微波爐與麥田圈	微波加熱原理	微波爐加熱麥稈彎曲實驗
15	宇宙級的麥田圈一天上星星的分布	宇宙微波背景輻射	
16	麥田圈的音波成像術	聲波的共振與視覺化	克拉尼圖案的展示實驗
17	動手做實驗 音波如何影響植物成長	聲波的震動與植物體內的生化反應	DIY 實驗:聲波對於植物發芽率之影響
18	全自動化的麥田圈製造機 生物機電技術	機器人農夫的設計原理	生物機電盃田間機器人大賽

目錄

附錄

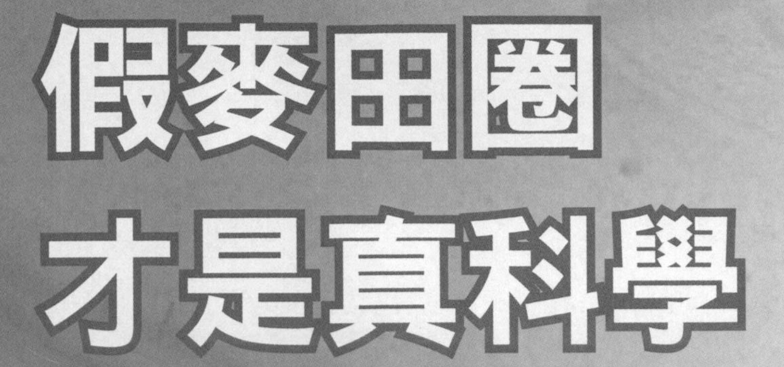

假麥田圈 才是真科學

看到麥田圈的報導，大部分的人直覺地會認為麥田圈是一種假科學（偽科學），因為很多麥田圈根本是人為形成的，再假造外星人或超自然現象的名義來大賺觀光之財。這一觀點我們稱之為「真麥田圈是假科學」，許多網路文章及相關書籍都是圍繞這個主題，辯論麥田圈的真偽。當大家為了麥田圈的真假吵翻天的時候，麥田圈出現的頻率卻越來越高，圖案也變得越來越壯觀且細緻。原來人造麥田圈的製作已經由原始的人力踩踏方式，演變到高科技全面自動化的智慧型麥田圈，它的形成機制牽涉到非常多樣化的科學原理與知識，而這正是本書所要探討的主題：「假麥田圈是真科學」。

麥田圈[1]（Crop Circle）是在麥田或其他農田上，透過某種力量把農作物壓平而產生出的幾何圖案，主要出現在英國威爾特郡地區靠近巨石文明遺跡的大麥旱田上。自從 1972 年第一個麥田圈出現後，逐漸引起公眾注意。有一些麥田圈被認為是高智慧生物所傳達的訊息，但也有眾多麥田圈事件

1. 最早的麥田圈在 17 世紀就有紀錄，這裡說 1976 年的才是第一個出現，那是因為以前所記載的麥田圈與現在的麥田圈有本質上的不同，1976 年出現的是被壓平的農作物所構成的圖樣，而過去的麥田圈是完整割下或是作物被平鋪成圓形。

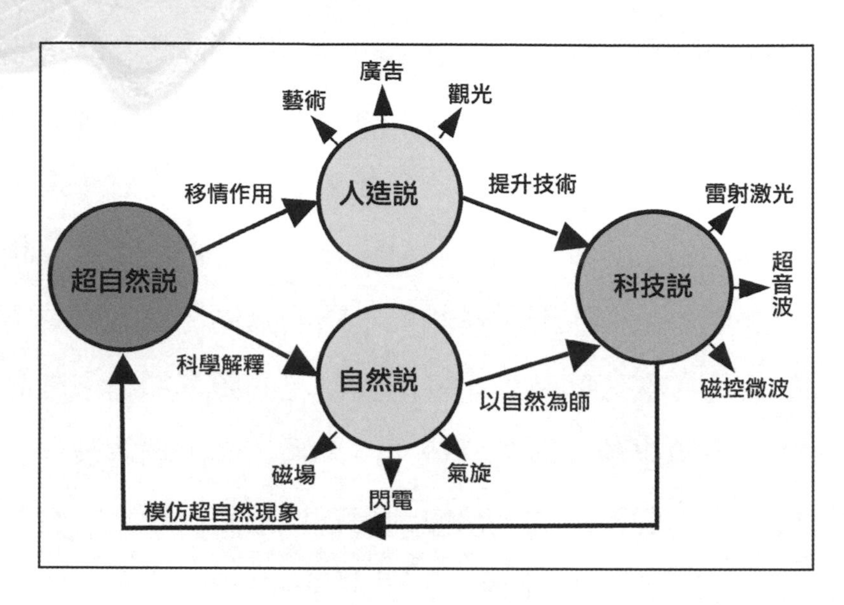

圖 1.1 關於麥田圈起源地的四種說法：它們之間的前後因果關係及關連性。

被揭發是故意製造出來的，以取樂或者招攬遊客。

進入 21 世紀以後，人造麥田圈愈來愈多，從英國逐漸流行到歐陸與美國， 甚至在不產麥的日本與臺灣，也出現過小型的「稻田圈」。隨著製作技術的純熟與電腦輔助設計的幫助，麥田圈的形態也日趨複雜， 成為一種新興藝術。而不同團體間的競爭也相當激烈。由於太多人為因素的介入與仿造，麥田圈現象現今被社會各界認定是一門偽科學，被歸類為民間科學愛好者的次文化[2]。

如果說 1970 年代的麥田圈是假科學，應該是不為過，因為那個時代的麥田圈粗糙，人造跡象明顯，硬要說它是超自然現象或是來自外星人的訊息，不會有人相信。但是今天精密麥田圈的製作需要結合電子導航、導引、自動控制、磁控微波、雷射激光與超音波等等之最先進聲光電技術，我們還可以說麥田圈是假科學嗎？它只怕比一般的科學還要更科學。當高科技可以在瞬間完成麥田圈的製作，同時又不傷及麥梗時，我們如何分辨哪些麥田圈是超自然現象，哪些又是高科技的合成品？不要說一般人了，現在連麥田圈的專家也常把高科技製作的麥田圈誤判是超自然現象的呈現。由於科技的進步，今天我們不宜將所有的麥田圈都當作是超自然的神秘現象；然而也正是科技的進步，麥田圈也不再是昔日的假科學。

麥田圈的圖案會不會是高等智慧生物所要傳給人類的訊息？我們一直期盼出現比人類智慧更高的生物，但似乎經常忘了人類也是智慧生物的一環，而且智慧與科技還不斷在進

2.《麥田圈》，維基百科。

化之中。有一句俗話說得好：「假作真時，真亦假。」當人類能夠逼真模仿麥田圈時，不管麥田圈當初是不是源自其他高等智慧所為，麥田圈已經很難再被稱為超自然現象了，因為此時，真的麥田圈也會被認為是假的。現階段如果真有外星人要傳遞信息給人類，那麼他們應該知道麥田圈已然不是一個適合的媒介，因為人類太會模仿了。

隨著人類科技的進步，麥田圈要被認定是超自然現象的門檻也跟著水漲船高。證明麥田圈是人為造假，遠比證明它是超自然現象來得容易許多，因為證明它是造假，只要找到一個破綻即可，但要證明它是超自然現象，則要通過所有科學觀點與所有自然定律的檢測後才算數。超自然現象的支持者必須運用更高科技的鑑定技術找出以高科技複製出來的麥田圈的瑕疵，並且提出超自然麥田圈所應具有的分子細胞學特徵，而不是僅就外觀做分辨。

對於 UFO、麥田圈或其他許許多多的神祕現象，我們都應該採取嚴謹的科學實驗精神，從科學實驗中，依數據論斷事件的真假，而不是在主觀的語言、文字上爭輸贏。

麥田圈的超自然說

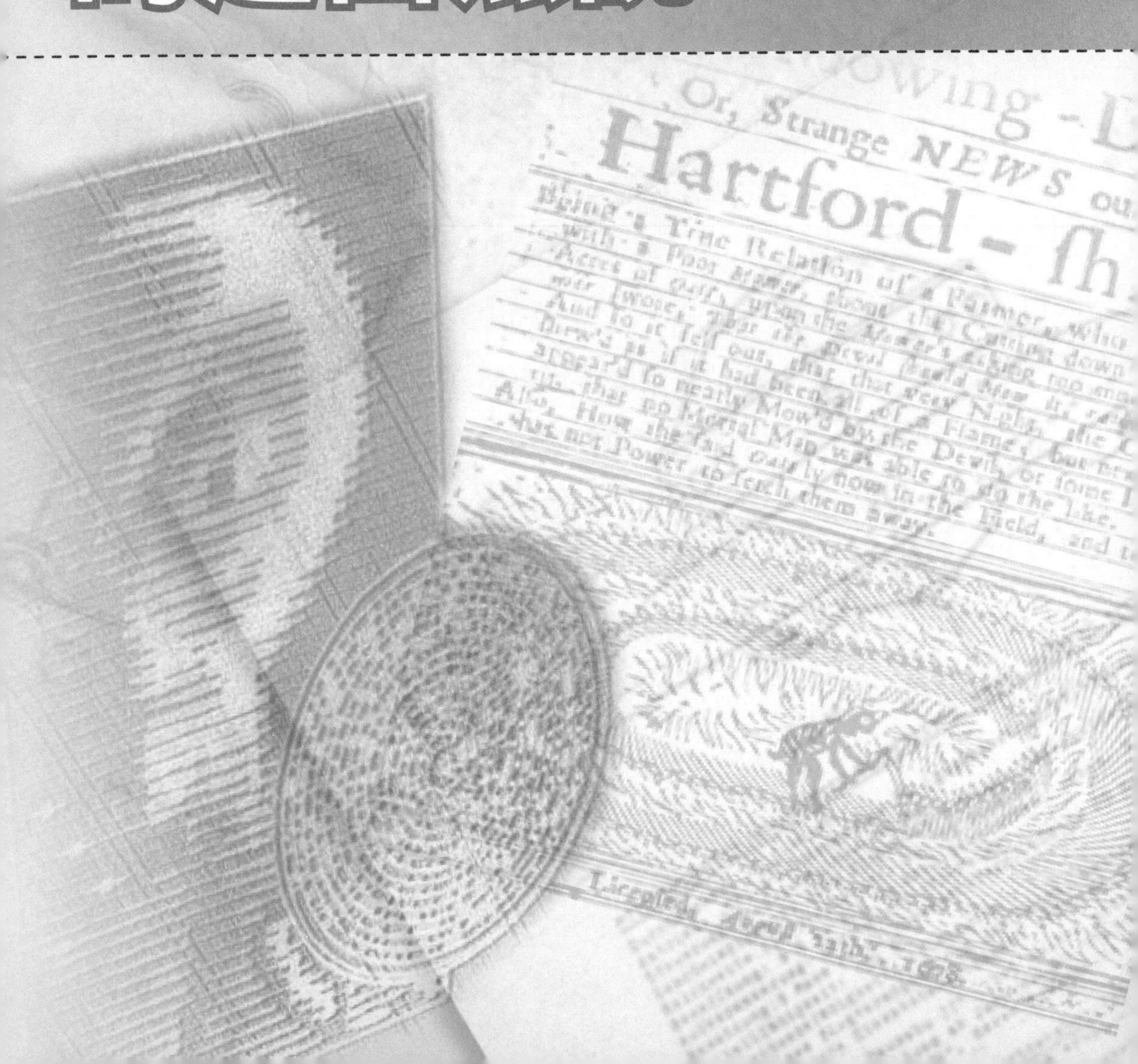

早在 17 世紀， 英國某些古文獻就有提到麥田圈，當時的人們認為這是惡魔或精靈的傑作。最早出現的麥田圈文獻記載是在 1678 年 8 月 22 日，出現在英國東部赫特福郡的一份木板版畫小冊子刊物裡面（參見圖 2.1），名為「魔鬼的收割者」！這份插畫的資料是由英國的麥田圈研究現象中心 CPRI 裡面的一位研究員所發現，這幅插畫也被全球的麥田圈「業者」拿來當成重要的證據。

該插畫裡面的文章大意是說：農夫找來窮困的收割工，幫忙收割三畝半的燕麥田，但因工人開價太高，農夫揚言寧願孤魂野鬼來幫忙收割。當晚麥田好像起火，一星期後，麥田收割得非常完整，彷彿是魔鬼精靈所為，凡人根本做不來。燕麥雖然已經收割好，但是農夫也無力搬走麥子。關於插畫也有另一種說法，當時官方大主教因課稅很重，憤怒的農民於是利用魔鬼破壞麥田地，導致收成欠佳，以沒有能力繳稅來對付官方，展現一種嘲諷抗議的方式。

在經歷 1947 年的「羅茲威爾飛碟墜毀事件」之後，有許多人相信飛碟一定曾在地球的不同地方出現過。神秘的麥

The Mowing-Devil:

Or, Strange NEWS out of

Hartford-ſhire.

Being a True Relation of a Farmer, who Bargainin with a Poor *Mower*, about the Cutting down Three Hal Acres of *Oats*, upon the *Mower's* asking too much, the *Far mer* swore, *That the Devil should Mow it, rather than He*. And so it fell out, that that very Night, the Crop of *Oa* shew'd as if it had been all of a Flame; but next Mornin appear'd so neatly Mow'd by the Devil, or some Infernal Sp rit, that no Mortal Man was able to do the like.

Also, How the said *Oats* ly now in the Field, and the Owne has not Power to fetch them away.

Licensed, *August* 22th. 1678.

圖 2.1 最早出現的麥田圈文獻記載是在 1678 年 8 月 22 日，出現在英國東部赫特福郡的一份木板版畫小冊子刊物裡面。圖片來源： http：// ristorantemystica.wordpress.com/2007/09/30/the-history-of-crop-circles/

田圈被懷疑可能就是飛碟的起降場。尤其當有傳聞說麥田圈附近有高溫燒焦的痕跡，並且伴隨著微量的輻射線時，人們愈加相信麥田圈是飛碟起降時所造成，而麥田圈的形狀就是外星人要傳給地球人的訊息。這樣的大眾想法反映在2002年，由梅爾· 吉勃遜所主演的電影《靈異象限》（Signs）之中。劇情描述主角們如何根據麥田圈的特徵及其他各種的徵兆，一步步地最後成功對抗外星人的故事。

從飛碟的飛行原理來推論，飛碟的起降會造成麥田圈，是有其背後的學理基礎。在《假飛碟才是真科學》一書中，我們提到別隆采圓盤飛碟採用舒伯格發動機為其驅動引擎，舒伯格發動機實際上就是一部龍捲風製造機，它以螺旋的方式將空氣吸入後，經過加壓過程，再以螺旋的方式將空氣排出。這股人造的龍捲風除了將飛碟從地面吸起至半空中外（參考圖2.2），它所造成的氣旋效應也會帶動地面物體的旋轉，如同天然的龍捲風一般。如果剛好飛碟的起降地點靠近麥田，則人造飛碟氣旋在麥田上所遺留的痕跡即是我們所稱的麥田圈。

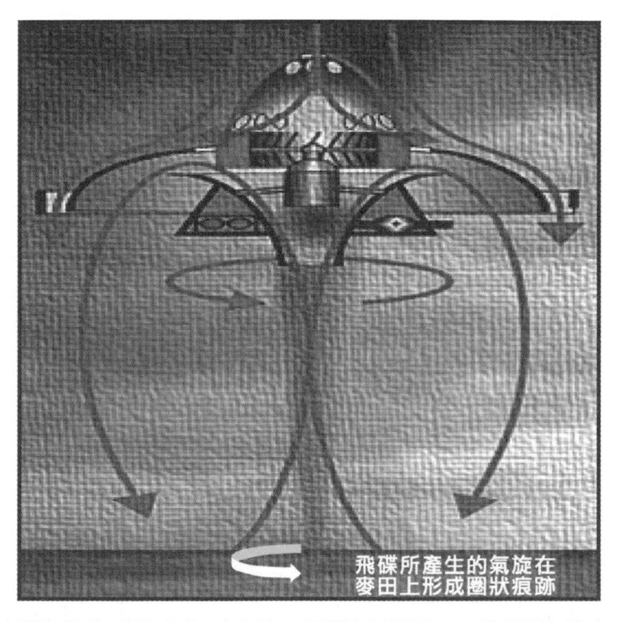

圖 2.2 飛碟以螺旋的方式將空氣吸入後，經過加壓過程，再以螺旋的方式將空氣排出，所形成的氣旋作用在麥田上時，即造成了麥田圈。圖片來源：http：//evg-ars.narod.ru

麥田圈最常出現在英國的一些重要古跡的附近，著名的巨石陣旁邊就是麥田圈最早出現的地點。難道麥田圈和古文明之間存在有什麼特殊的關係嗎？烏魯木齊博物館的研究員張輝在中國境內接近內蒙古邊界地帶，發現了一系列據信是 2500 年前由石頭堆壘成的圖案，其中很多竟與當前在世界各地發現的麥田圈圖案非常相似。張輝認為麥田圈在古代就曾在該地出現，生活在該地區的原住民將麥田圈視為是與神溝通的方式，所以把石頭擺成了他們所看到的麥田圈樣子。麥田圈經過收割後就不見了，但石頭的圖案卻被保留了下來。

以此推論，英國的巨石陣古蹟附近在數千年前應已出現過麥田圈了，當時的居民用石頭擺成了他們所看到的麥田圈樣子。由於石頭巨大，不容易被外力遷移，所以才能留存至今。不是只有古代與當代，從古至今的每一個時代裡，麥田圈在固定的地點週期性地重複出現。當印刷術發明後，麥田圈就開始有了紙本的紀錄，就像是反映在 17 世紀英國古文獻中的麥田圈記載。每一個時代的居民都看到了麥田圈，也都用他們所熟悉的工具記錄下來——不管是用石頭堆壘或用筆畫在紙上。今天不管我們是用簡單的木板、繩子工具或用光電技術複製麥田圈，不也是在做著相同的事情嗎？

有一些科學家研究認為，除極少數麥田圈（簡單粗糙，易分辨）為個人惡作劇外，世界各地絕大多數麥田圈為超自然力量所為。此類麥田圈的共同特徵大概可歸納出下列幾點：

1. 農作物依一定方向傾倒成規則的螺旋或直線狀，植物莖節點有燒焦痕跡，但仍繼續成長。

2. 麥稈大多在離地一吋的位置產生屈曲(buckling)。

3. 附近找不到任何人或機械到過所留下的痕跡。

4. 事件發生在晚上，附近都曾出現不明亮點或是爆炸聲。

5. 正中央部分有微量放射線。

6. 它周圍偵測到的強磁場和超聲波，現代科學至今仍無法解釋其原因。

7. 其形成過程的「瞬間性」也一直是個謎。

持「超自然論」觀點的研究者認為麥田圈的成因目前還無法解釋，而且以上的特徵是人造麥田圈所無法複製的。致力於麥田圈研究的BLT研究組（由生物物理學家Levengood博士、Nancy Talbott和John Burks等成員所組成）發現，發生麥田圈的農作物往往在分子結構上發生了改變，如細胞壁變厚等；發生麥田圈的地點土壤成分也有所改變。很多圖案花樣複雜，分成上下多個層次，每一層的旋轉方向都不相同。在有些發現麥田圈的地點，其區域內的磁場在幾天之內比臨近區域有大出十倍左右的變化。

懷疑論者則認為，所有麥田圈現象皆可解釋，譬如植物莖節點的燒焦痕跡，是因為被人為壓彎之後，一側的生長速度超過另一側，導致內部氣體壓力過大，從莖節處爆炸。但超自然現象的外星人支持論者認為，麥田圈中的植物莖節點的燒焦痕跡並不是人力壓平所能做到。曾有麻省理工學院學生試圖用自製設備複製此一現象，他們推測莖節破裂是因微波所造成，但依此機制所造成的農作物傾倒，將使得植物脫水沒辦法繼續生長。

至今為止，在人們發現的幾千個麥田圈中，有兩個麥田圈最能支持「超自然論」的觀點。其中一個是於 2001 年 8 月 19 日出現在英國漢普郡 Chilbolton 天文臺附近的麥田裡，這個麥田圈的圖案是一張巨大而複雜的 3D 人臉。3 天後，另一個的麥田圈圖案出現在旁邊，這是一個記錄著某種密碼的資訊板（稱為 transmission code，參考圖 2.3）。「超自然論」的支持者認為這二個麥田圈的圖案是外星人針對地球人的太空發射訊號所做的回應。

圖 2.3 於 2001 年 8 月 19 日出現在英國 Chilbolton 天文臺附近的麥田圈，左邊是一張巨大而複雜的 3D 人臉。3 天後，另一個的麥田圈出現在右邊，這是一個記錄著某種密碼的資訊板(transmission code)。超自然論的支持者認為這二個麥田圈的圖案是外星人針對地球人 1974 年的太空發射訊號所做的回應。圖片來源： http：//www.wisdomoftherays.com/01-9-2h.html。

這組訊號是發射於 1974 年 11 月 16 日，發射地點在波多黎各（Puerto Rico）中部的阿雷西沃（Arecibo）天文臺，太空發射目標指向距離地球約 2.5 萬光年遠的 M13 星團。人們期待著有一天外星的智慧生命能夠收到這個資訊。經過漫長的等待，終於在 2001 年 8 月 19 日，外星人有了回應，而且很特別的是，外星人的回應是透過麥田圈的圖案，而不是原先科學家所期待的二進位電磁波訊號。另外我們注意到該組電磁波發射於 1974 年，如果 2001 年的麥田圈圖案真的是外星人對地球所發射電磁波的回應，則訊號的發射與回應之間只間隔了 27 年。然而 M13 星團與地球距離 2.5 萬光年，電磁波到達該星團再折返需要 5 萬年的時間，為何我們只隔了 27 年就收到該星團的回應？基於這個原因，另一派的研究者認為這個麥田圈根本是人造的，用來冒充外星人的回應。「超自然論」的支持者則反駁說，應該是地球所發射的訊號在中途就被外星人截收，所以提早做了回應。它們認為出現在英國 Chilbolton 天文臺附近的麥田圈不可能是人造的，其中一個理由相當具有說服力：這二個麥田圈非常接近天文台，而天文台的四周又都設置了 24 小時影像監控系統。如果此二麥田圈是人力造成的，如何能躲得過全天候的天文台監視系統？(參見圖 2.3)

我們先來了解一下原先科學家向外太空發射的訊號是甚麼。這組訊號是將有關地球、人類的資訊轉換成由二進位元

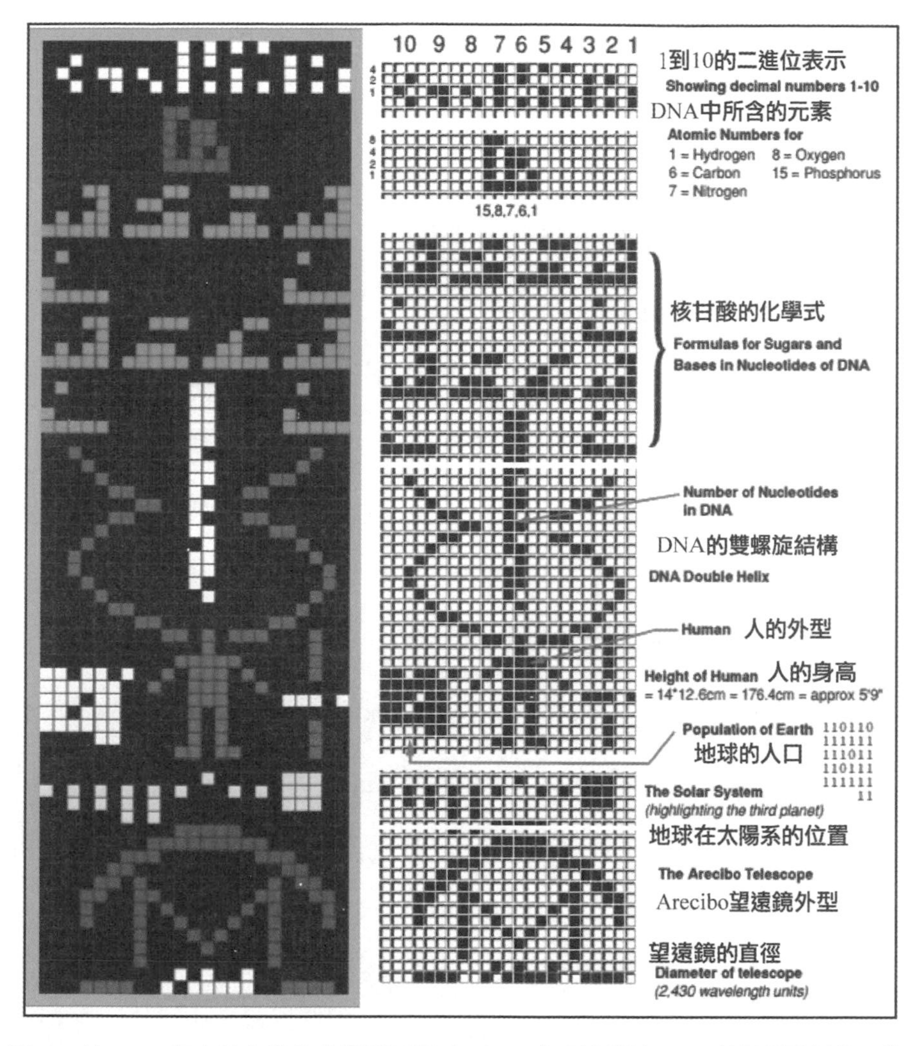

圖 2.4 於 1974 年在波多黎各的阿雷西沃（Arecibo）天文臺向 M13 星團所發射的二進位碼訊號，稱為 Arecibo code。圖片來源： http：//www. wisdomoftherays.com /01-9-2h.html。

密碼所組成的圖案（參見圖 2.4）。這個圖案表達的內容主要是：(1) 用二進位表示的 1-10 十個數字；(2)DNA 所包含的化學元素序號：氫 -H、氧 -O、碳 -C、氮 -N；(3) 核甘酸的化學式；(4)DNA 的雙螺旋形狀；(5) 人的外形（中間代表男人的形態，左邊的圖案代表男人的平均身高（1764mm），其表示方式是以二進位的 14 與資訊的波長（126mm）相乘所得出的結果；(6) 右邊的白色圖案代表 1974 年全球的人口（4,292,853,750）；(7) 太陽系的組成（突出顯示了地球，從右面代表太陽的大星向左數的第三顆）；(8) 圖案的最下部分附註了人類接收和發送無線信號的 Arecibo 望遠鏡圖像。

比較 1974 年傳送的 Arecibo code 訊息與在 2001 年的 transmission code 麥田圈所回應的訊息，研究者發現有幾個地方的內容不一樣：(1) 改變了一個化學元素矽 -Si；(2) 改變了 DNA 的高度與分佈以及核苷酸的數量；(3) 人口數量增加為 213 億；(4) 改變了人形輪廓，成了典型的 ET 形象。(5) 所回應的太陽系中有 12 顆行星（參見圖 2.5）。

如果 2001 年麥田圈的圖案（Transmission code）真的是外

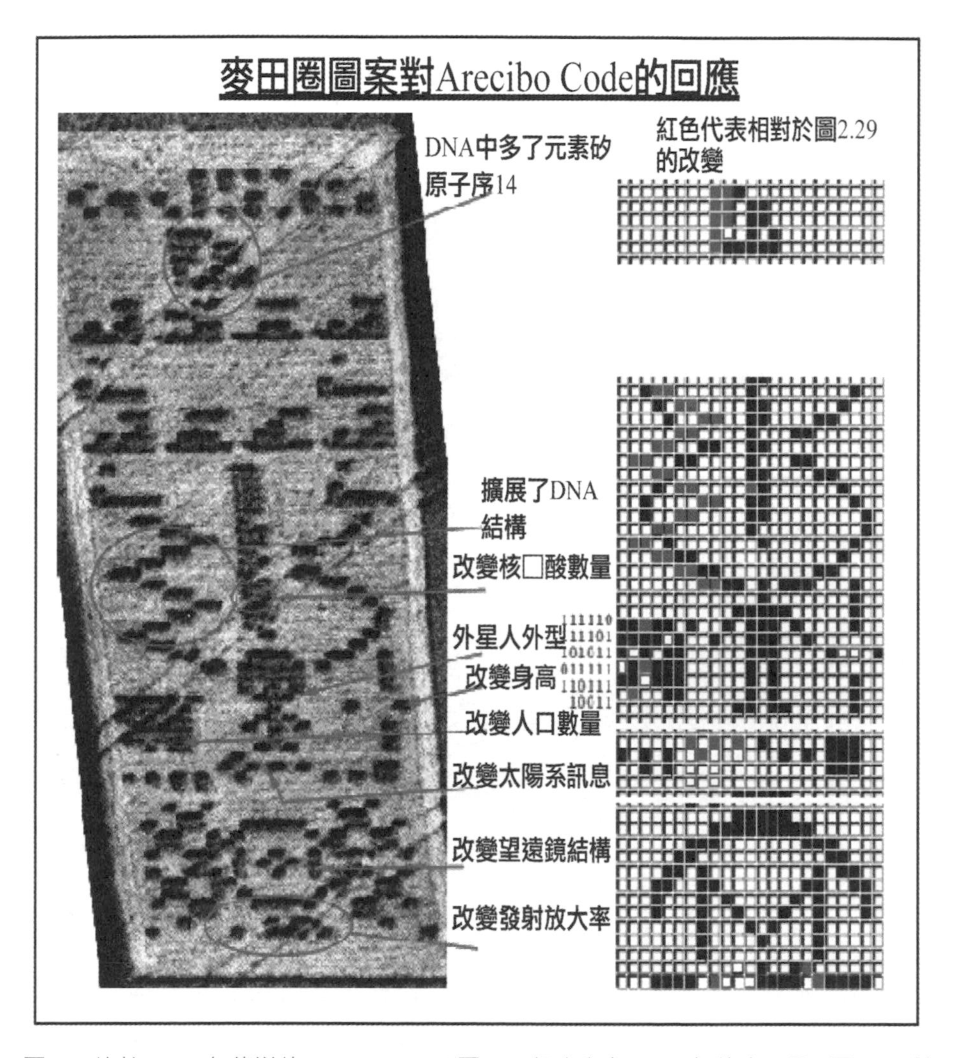

圖 2.5 比較 1974 年傳送的 Arecibo code(圖 2.4) 訊息與在 2001 年的麥田圈 (圖 2.3) 所回應的訊息。紅色代表有改變的部分，點出了外星人與人類的不同之處。圖片來源：http：//www.cropfiles.it/articoli/Arecibo_Reply.html

星人對 1974 年的發射訊號 (Arecibo code) 所做的回應，則該回應的內容顯示了：(1) 他們也是一種智慧生命；(2) 他們的 DNA 和地球人的 DNA 有一部分相同，但有一部分是不同的；(3) 他們比地球人矮，身高是 100.8cm；(4) 他們也是由頭、軀體、胳膊、腿構成，頭部大於地球人的，他們形象與眾多 UFO 事件中目擊者表述的外星人相似；(4) 他們的人口數量為 213 億；(5) 他們的太陽系中有 12 顆行星。

「超自然說」的支持者認為，除極少數簡單粗糙，易分辨的麥田圈為個人惡作劇外，世界各地絕大多數麥田圈為超自然力量所為，也就是有外星人或其他智慧生物在背後主導。但是隨著麥田圈製作者引入更先進的製造技術後，幾年前被認為是超自然力量才能製造出來的麥田圈，如今都一一被複製出來了。這幾年來，我們觀察到一個很有趣的現象：只要「超自然說」的支持者提出甚麼麥田圈所無法複製的特徵時，世界各地的麥田圈製作者就馬上想辦法去破解，並且做出一個給大家看，似乎是要讓『超自然說』的支持者難堪。

「超自然說」與「人造說」兩派之間的鬥法應該還會持

續下去，現階段還不是蓋棺論定的時候。然而實際上兩派的說法並不是如此的水火不容，我們只要擴展「超自然說」中所謂的「智慧生物」的定義，使它將「人類」包含在內，那麼以後不管證明誰才是麥田圈背後的真正主導力量，都沒有脫離「超自然說」的推論範圍。

麥田圈的氣旋效應

早期的麥田圈是由大小不同的簡單圓形所組成，沒有轉彎曲折的複雜圖案。這類麥田圈極有可能是大自然的力量所造成，而且跟當地的氣候與地質環境有關。

空氣流過水面會有水紋，流過沙丘會有沙紋；空氣不停流過岩石，會留下風蝕紋；空氣流過麥田，自然也會留下「麥紋」（參見圖 3.1）。不管是水紋、沙紋、風蝕紋，還是麥紋，都是空氣流動軌跡的呈現，此軌跡稱為流線（streamline）。不同的空氣流線會產生不同的麥紋，而我們所稱的麥田圈即是漩渦狀的氣流通過麥田後，所留下的麥紋。

天文物理學家霍金認為，麥田圈如果不是人造的，那麼就是氣旋產生的。研究麥田圈的氣象學家指出，在特殊地形條件（例如近山谷等）下，區域性低壓所產生的龍捲風，會挾帶著空氣中的游離帶電粒子而形成小型帶電氣旋。當這股帶電氣旋通過麥田上方時，漩渦力作用在麥稈上的痕跡就是我們所看到的麥田圈。由於氣旋移動的速度很快，可以解釋麥田圈是在一瞬間形成的說法。在另一方面，因為氣旋攜帶著帶電粒子（空氣中的離子），帶電粒子的旋轉產生電流，

圖 3.1 空氣流過水面會有水紋， 流過沙丘會有沙紋；空氣不停流過岩石，會留下風蝕紋；空氣流過麥田，自然也會留下「麥紋」。圖片來源： http：//www. funshion.com/subject/onepic/64194/s-still.p-1487300/

而電流又會產生磁場，這解釋了為何麥田圈剛形成時，都會伴隨異常磁場的出現。

經過調查統計，由氣旋所產生的麥田圈圖案大概可區分成九大類：(1) 黃金比例之單轉漩渦；(2) 多重漩渦；(3) S 型漩渦；(4) 順時針漩渦及逆時針外圈；(5) 不規則放射狀；(6) 規則放射狀加外圈；(7) 雙重漩渦狀；(8) 多重漩渦狀；(9) 不對稱多重方向，

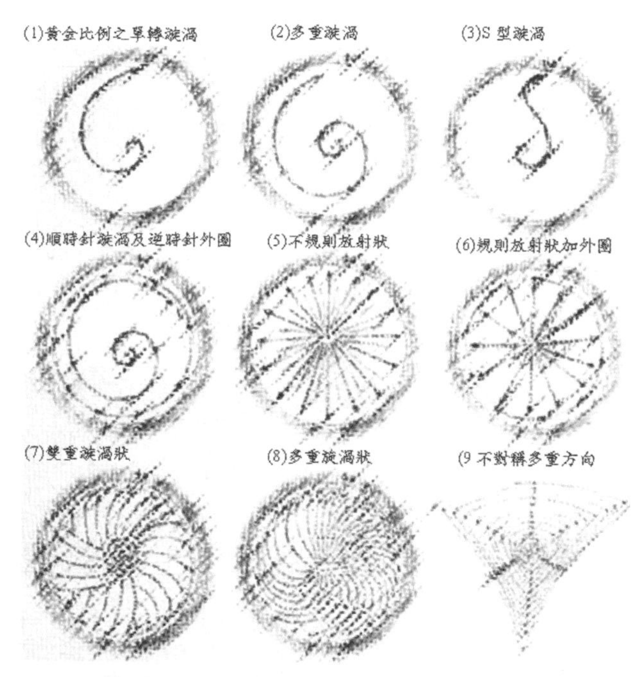

圖 3.2 九種由氣旋所產生的麥田圈圖案的示意圖。圖片來源： http：//www. discuss. com.hk/viewthread.php?tid=20898091&extra=page%3D1&page=4

如圖 3.2 所示。圖中的箭頭代表麥稈傾斜的方向，相當於氣流流動的方向。所以圖 3.2 表達了麥稈九種傾斜的方式，也就是九種空氣流動的軌跡，亦即氣旋的九種流場結構。

除了第九種以外，不同的氣旋流場都有一個旋轉中心，這是氣旋內壓力最低的地方，外部相對高壓的氣流依循螺旋軌跡從圓周旋入圓心。氣流從圓周旋轉到圓心的過程中，其螺旋的圈數會有不同，也就是會有不同的螺旋強度 (vorticity)。若以螺旋強度來做區分，圖 3.2 中的氣旋圖案分屬不同的類別：

(1) 螺旋強度為零的氣旋沒有旋轉，氣流沿著直線從圓周到達圓心，如第五、六類的放射狀流場。

(2) 螺旋強度可為正值或負值。正的螺旋強度代表逆時針旋轉，而負的螺旋強度代表順時針旋轉。

(3) 螺旋強度的絕對值越大，代表氣流從圓周旋轉到圓心的過程中，其螺旋的圈數越多。例如第一、二、四類的氣旋場都是屬於正的螺旋，但其螺旋強度各有不同。曾經出現過螺旋強度高達 6 的麥田圈，也就是氣流從麥田圈的圓周到達圓心的過程中，要經過 6 圈的旋轉。

(4) 同一個氣旋場的螺旋強度不一定處處都相同。例如第七種氣旋場具有二段式的螺旋強度，其內、外圈的螺旋強度不同。第八種氣旋場則具有三段式的螺旋強度。

(5) 有一種特殊的氣旋場，稱為 S 型氣旋（第三類），其內的螺旋

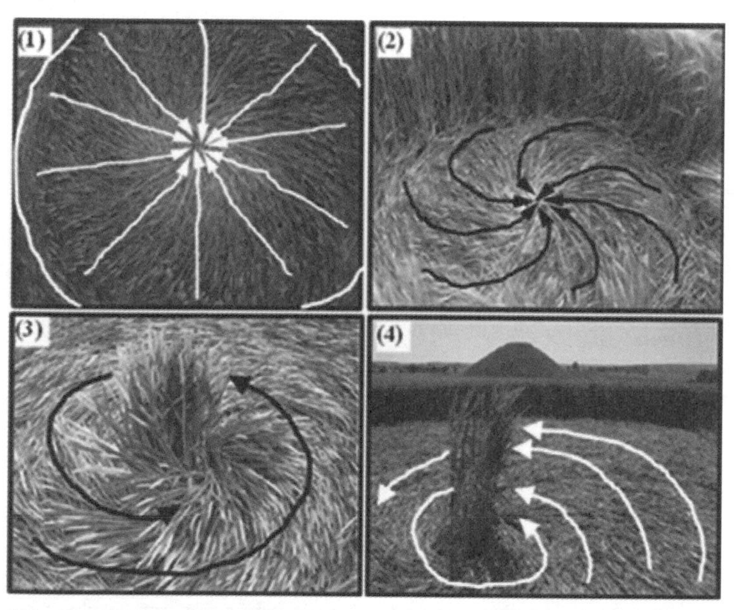

圖 3.3 四種氣旋場所產生的麥田圈實景：(1) 無旋場（直線輻射狀），(2) 單層氣旋，(3) 雙層氣旋，(4) 多層氣旋。

強度處處都不同，且呈連續性的變化。S 型氣旋場的螺旋強度在圓周附近為正值（逆時針方向旋轉），然後逐漸遞減到零，再由正轉負（順時針方向旋轉），一直遞減到圓心附近。

圖 3.3 顯示四種氣旋所產生的麥田圈實景，其中的第 3、第 4 種氣旋沒有造成中心麥稈的傾倒，因為它們具有明顯的氣旋眼。如同颱風眼內的無風無雨現象，氣旋眼內沒有旋轉氣流，只有較和緩的下降氣流（參見圖 3.4 之右圖），故氣旋眼所在的麥稈仍能保持直立的狀態。

麥田圈所顯示的氣流場只是氣旋最靠近地面的那一層 2 維（2D）流場，然而整個氣旋是一個三維（3D）流場，如圖 3.4 所示。從氣象學來看，氣旋形成的原因，是由於雲層上下溫度差異過大，造成冷空氣下降、熱空氣上升的對流現象；水蒸氣上升在空中聚積成一塊塊如棉花般的白雲，稱為「積雲」。積雲內的水蒸氣不斷上升，遭遇冷空氣而凝結成水滴，使得積雲逐漸發展形成「積雨雲」，並放出潛熱[1]。積雨雲

1. 所謂「潛熱」(latent heat) 是水蒸氣變為液態水時釋出的熱能，例如攝氏 25 度，1 公克水蒸氣變成同溫度的液態水時，會釋出 583 卡潛熱。將手掌伸到沸騰水上方而感覺到會燙的熱度，就是水蒸氣變為白色小水滴時的潛熱。

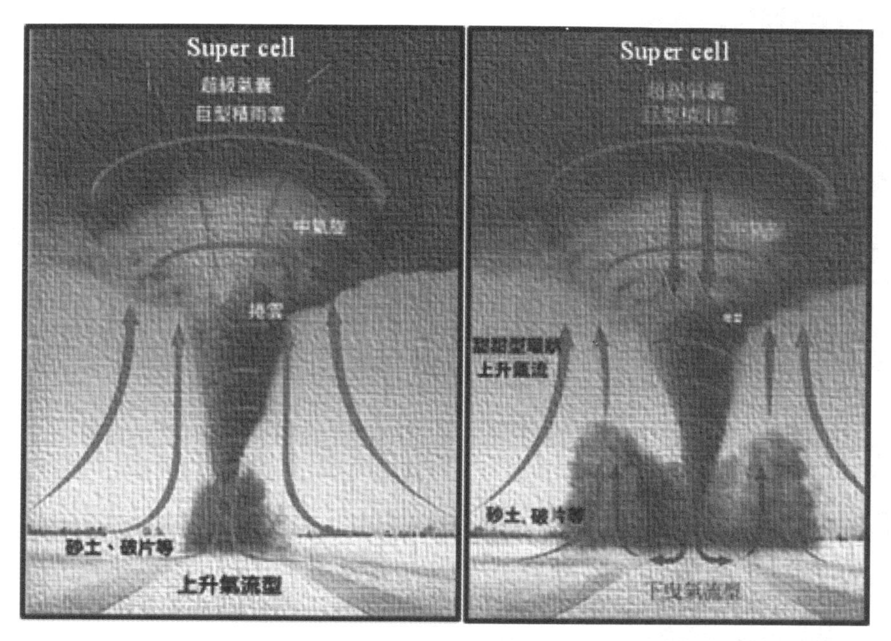

圖 3.4 高空的空氣溫度不斷上升，而地面的冷空氣不斷上升補充，照成熱對流，再加上地球的自轉效應而產生旋轉，便是氣旋。右邊的氣旋具有明顯的氣旋眼，類似於颱風眼，其內有下沉氣流，但沒有旋轉氣流。圖片來源： http：//demo.phy.tw/experiments/hydrodynamics/tornado/

內部由於潛熱繼續不斷地放出與加溫，因而產生強大之上升氣流，再加上地球自轉的科氏力[2] 作用（北半球為逆時針方向），使得氣流一邊旋轉、一邊上升，從而形成氣旋，強烈的氣旋即是俗稱的「龍捲風」。典型氣旋的移動時速約為幾

2. 科氏力是一種側向力，與物體的運動方向垂直，其大小可表成 $2\omega V\sin\theta$ ，其中 ω 是地球自轉角速度，V 是物體的速度，θ 是物體所在位置的緯度。

十公里，但最強龍捲風的移動速度可高達每小時 450 公里。

氣旋中心的氣壓十分低，據估計，其中心氣壓可以比周圍環境低 10% 以上。強大的氣壓差，迫使附近的氣流向中心匯合，而氣流在匯合過程不斷加速旋轉（原理就如冰上運動員將兩手收縮貼近身體以增加自轉速度一樣），在旋轉過程中又迅速上升（參見圖 3.4）。龍捲風就是藉這種強烈匯合又同時上升的氣流，將地面的物件吸捲到上空。雖然颱風也是低壓系統，但它的半徑有好幾百公里，而龍捲風的半徑卻只有數十米到數百米。因此，龍捲風中心的氣壓下降梯度（每單位距離的壓力變化）要比颱風大數千至數萬倍。從這個對比，我們可以想像龍捲風的威力是如何巨大。

所謂「凡走過必留下痕跡」，對於空氣仍然成立，麥田圈圖案就是氣流所走過的痕跡；所以我們若仔細觀察麥稈傾倒的方向，就可以明白氣旋或龍捲風在接近地表處的流場分布情形。對於麥田圈的研究者而言，圖 3.2 代表著九種麥田圈的圖案；然而對於流體力學的研究者而言，圖 3.2 代表著九種氣旋場的流場結構。也就是說，麥田實際上是偵測氣旋或龍捲風內部流場的一種天然記錄器。從這個觀點來看，我們去觀察由氣旋所引起的天然麥田圈的圖案，實在是一件非常具有教育與研究內涵的工作。

當然麥田圈所記錄的並不是氣旋場的全貌，因為氣旋是一種 3D 的流場，而麥田圈所記錄的只是氣旋場靠近地表的那一層 2D 流場。要量測氣旋或龍捲風的整個 3D 流場是一件極困難又危險的工作。1996 年的一部電影《Twister》就是在描述大批科學家如何深入到風暴中間，去探索龍捲風內部結構的冒險故事。由 Bill Paxton 和 Helen Hunt 所飾演的男女主角，對龍捲風的研究非常癡迷，他們共同追逐一場奧克拉荷馬州的颶風，並把新研製成功的探測儀「桃樂西」(Dorothy) 放到龍捲風中心收集資料。

實際上真的是有「桃樂西」這個計畫，它是由美國國家颶風實驗室 (National Severe Storm Laboratory，簡稱 NSSL) 所執行。「桃樂西」探測儀裡面裝滿了許多小球狀的感測器，參見圖 3.5，圖中的小白球代表微型偵測器，當探測儀（見圖中右上角的小圖）上面的蓋子打開後，小球感測器即會隨

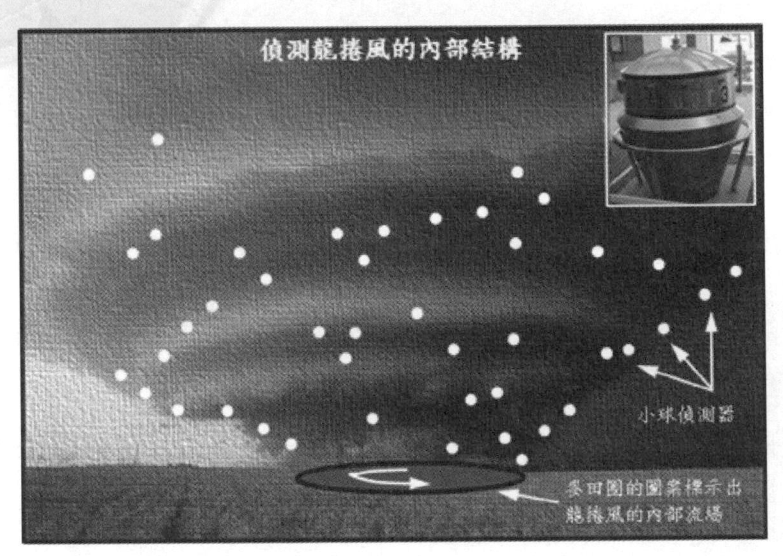

圖 3.5 在龍捲風中放入許多可以反射雷達波的小球，則由小球的運動軌跡我們可以知道龍捲風內部的 3D 氣流流動情形。另一方面，龍捲風所造成的麥稈傾斜方向則表達了龍捲風靠近地面處的 2D 流場分布。圖片來源： http：//www.norman.noaa.gov/assets/backgrounders/twister.html

著螺旋氣流攀升。小球的軌跡就是氣流的軌跡，而小球的速度就是氣流的速度，每個小球感測器會將各自感測到的位置及速度回傳到監控中心，當收集所有小球的資訊，即能成功建構龍捲風的整個 3D 流場。計畫執行最困難的地方是如何將「桃樂西」探測儀放置到龍捲風裡面，而這也是電影中的最大賣點。NSSL 的「桃樂西」計畫最後並不像電影中所描素的那麼成功，但也引領了後續一些改良計畫的提出。

龍捲風發電

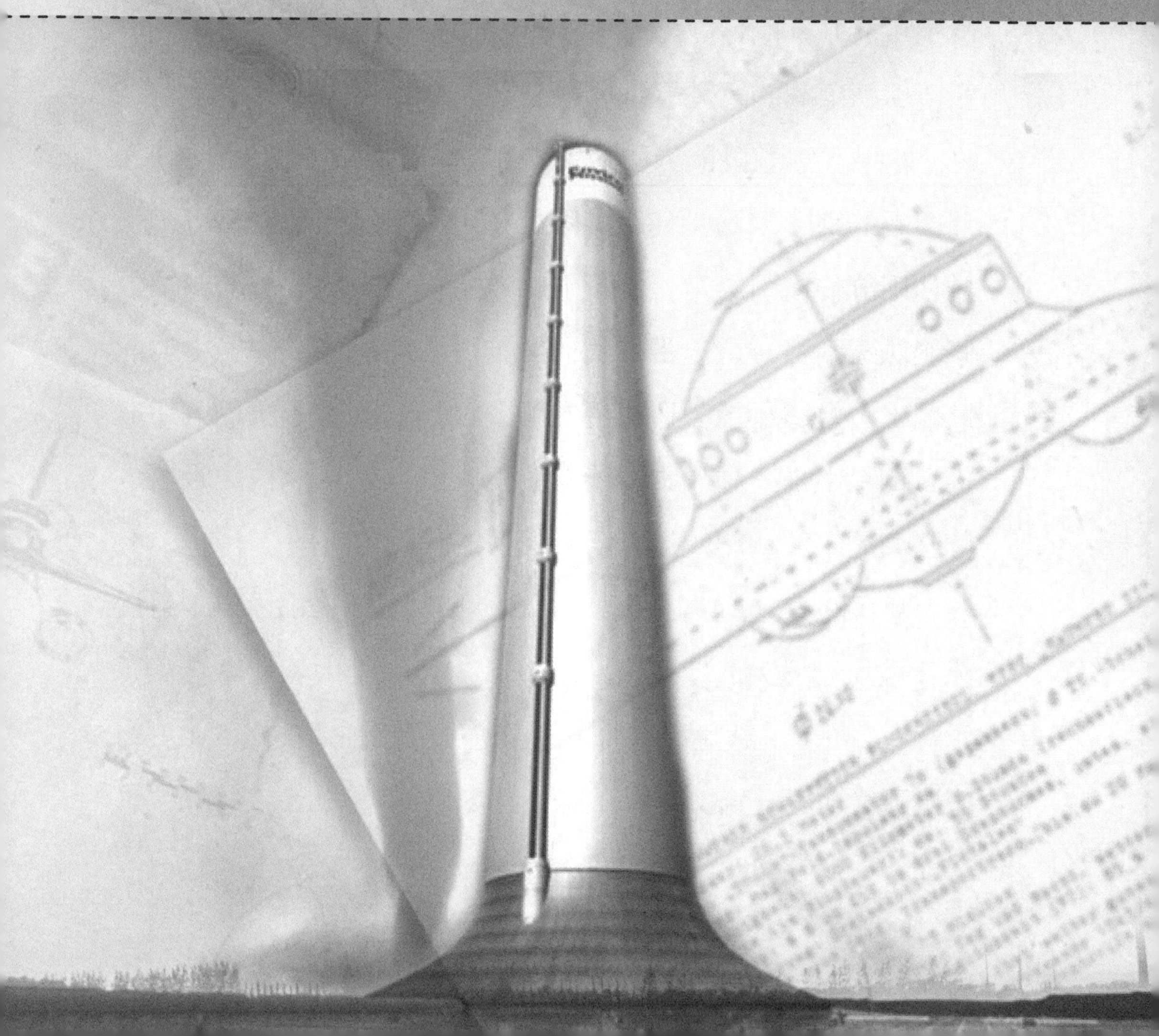

明瞭龍捲風形成的機制以及其與麥田圈的關係後，我們突發奇想，有沒有可能利用龍捲風巨大的力量來產生能源？但是看來這是一個不可能的任務，因為龍捲風出現的時間與地點目前還是無法事先預測；未來縱使可以預測，但龍捲風也不可能乖乖的停在電廠旁，幫我們推動渦輪發電機。天然龍捲風所蘊藏的巨大能量似乎是看得到，但拿不著。

如果天然龍捲風無法利用，那麼人造龍捲風如何？前面介紹過的別隆采圓盤飛碟實際上就是一部龍捲風製造機，它是利用舒伯格引擎來產生吸氣的效果。但由於能量的轉換效率無法達到百分之一百，我們能夠從人造龍捲風中獲得的能量輸出，會遠小於製造龍捲風所要輸入的能量。所以人造龍捲風實際上是一種昂貴的能量，但它有一個可以快速吸收大量濃煙的特殊功能，這有助於大樓的消防救火。

德國的賓士汽車(Mercedes-Benz)博物館在 2013 年 1 月展示了世界上最大的室內人造龍捲風，吸引了大量遊客參觀，如圖 4.1 所示。該博物館的人造龍捲風展示在大樓內的中庭，龍捲風從地面一直螺旋攀升到十層樓的高度(約合 34 公尺)。

龍捲風的吸力是由館內 144 台賓士噴射引擎所製造出來的。工作人員先用一台煙霧製造機噴出約 28 噸煙霧，用以模擬火災現場的環境，然後啟動龍捲風防火安全系統。7 分鐘後，煙霧如龍捲風一般盤旋而上，最後衝到屋頂，被完全吸收。整個過程讓觀眾近距離經歷了一場應用龍捲風的消防演習。

利用引擎或發動機來製造龍捲風顯然是不具經濟效益也不符合環保概念。天然的龍捲風無法控制，人造的龍捲風又不具經濟效益，看來我們對於龍捲風的能量取得遇到了瓶頸。然而科學家們已想到破解之道，關鍵的地方在於我們不

圖 4.1 根據英國《每日郵報》2013 年 1 月 16 日的報導，德國賓士汽車博物館近日吸引了大量遊客，但他們不是來看車的，而是來看世界上最大的室內人造龍捲風。圖片來源：http：//big5.china.com.cn/gate/big5/ocean.china.com.cn /2013-01/21/content_27747908.htm。

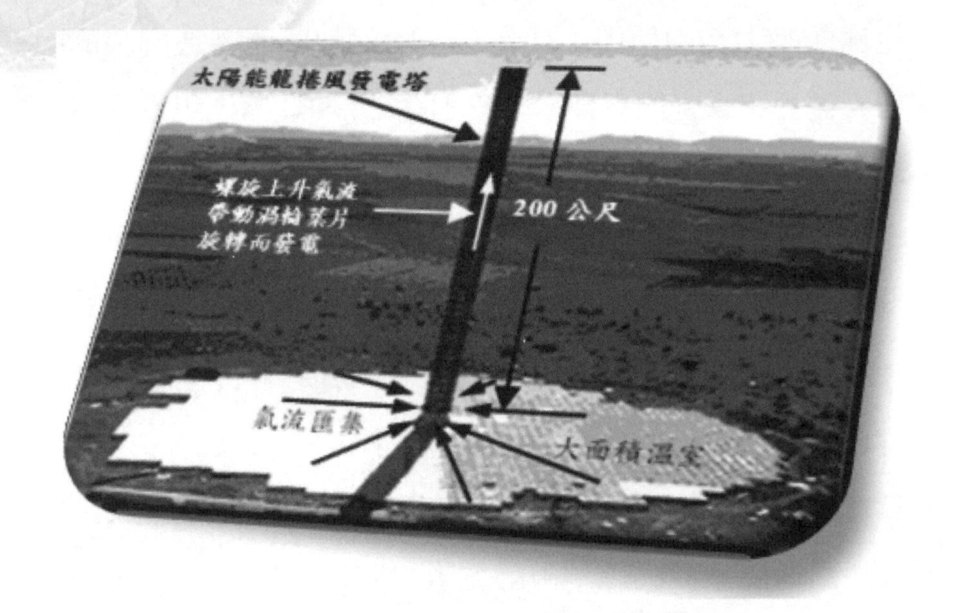

圖 4.2 西班牙的太陽能龍捲風發電塔是藉由大自然本身的力量去製造龍捲風，再利用龍捲風帶動渦輪葉片發電。此塔高 200 公尺，地面上大面積的白色圓形區域是由封閉房舍所組成的溫室。圖片來源： http：//blog.roodo.com /oilinsight/archives/2015480.html。

應該用人造的機器去產生龍捲風，而應該以大自然為師——學習大自然產生龍捲風的方法。

根據前面所介紹過的龍捲風形成原理，我們若要借用大自然的自己力量製造龍捲風，必須結合三項自然規律：(1) 對流原理、(2) 溫室效應、(3) 大氣壓力差。1980 年代，西班牙實現了全球第一個試驗型的太陽能龍捲風發電塔 (參見圖 4.2)，它是利用太陽的熱輻射產生龍捲風，再透過龍捲風推動渦輪葉片來發電。此一龍捲風發電塔高 200 公尺，每日的發電量有 50 千瓦！它的核心原理正是運用了前述的三項自然規律：

(1) **對流原理—**熱空氣密度低向上升，冷空氣密度高往下降。

(2) **溫室原理—**根據黑體輻射原理，物體所輻射電磁波的波長只和該物體的溫度有關。太陽表面溫度在核融合的作用下，高達攝氏 5,800 度，所輻射的光線是屬於短波長的電磁波，能夠輕易的穿過玻璃或透明塑膠；地表的物體吸收太陽的光熱之後，也會釋放出電磁波能量，但是屬於長波輻射的形式，無法穿透出玻璃或透明塑膠！一般所謂的「溫室」就是利用這個波長篩選原則，允許短波太陽光射入用玻璃或透明塑膠製成的封閉房舍內，而室內物體所輻射的長波卻無法穿透出去（能進不能出），如此可以增加室內溫度，以利作物生長。

(3) **高度大氣壓力差原理—**增加煙囪頂部和底部的大氣壓力差來加速氣流的流動：大氣的壓力會隨著高度下降而增加，就像水壓會隨著水深而增加；如果我們把煙囪蓋的越高，就能增加煙囪頂部和底部大氣壓力差；壓力差越大，煙囪裡面上升的熱空氣，在大氣壓力的推動下，衝出煙囪的速度就會越快，因而增加了熱空氣在煙囪管子內的流速。

太陽能龍捲風發電塔的底部連接到圓形溫室的中心，此溫室的半徑達數百公尺。圓形溫室的中心點由於向上通往發電塔，該處的氣流速度在溫室內是最快的地方，也是整個溫室中壓力最低的地方（白努利定理）。 所以巨大溫室內的氣流，一方面受到暖房的加熱作用（暖房內的空氣溫度可能比室外的空氣溫度高 30 攝氏度），一方面往低壓中心匯集（即發電塔底部）。熱氣流匯集到高塔底部後，由於空氣的對流作用，再加上高塔上、下端的大氣壓力差，使得熱空氣流向筒狀高塔，同時在大氣壓力差的加速推動下，沿著塔身內巨大的管道向上升騰形成龍捲風。龍捲風再推動塔身內的渦輪機，進而轉動發電機組，可源源不斷地產生清潔又環保的電力。

到了晚上，地面的溫度高於塔頂端的溫度，熱對流作用依然存在，所以這樣的發電系統依然可以使用，釋放白天積聚在熱能儲存單元中的熱能，繼續推動熱空氣向上騰升，帶動渦輪旋轉；繼續發電，一天24小時，一星期7天永不間斷！

西班牙的太陽能龍捲風發電塔是一個先期型的計畫，它的任務在於驗證了龍捲風發電的可行性。第一個將商業運轉的大規模太陽能龍捲風發電計畫「EnviroMission」正在美國亞利桑那州的沙漠積極展開，目前正處於土地徵用和地面基礎工程的建設，預計2015年完工運轉，總經費7.5億美元，預估商轉壽命80年。此發電塔高800公尺（只比目前世界第一高塔——杜拜塔，低28公尺），滿載運轉可產生200兆瓦的電力。最近該計畫已與南加州公共電力管理局簽署了一項30年的電力購買協議，供15萬美國家庭使用。

該再生能源計畫所以能擊敗其他能源選項，而獲得政府資金的投資興建，最主要是在它80年的運轉壽命中，幾乎不需要維護，而且能源轉換效率可達60%。龍捲風發電的低營運成本、高能源效率、長運轉週期都是其他再生能源所無法比擬的。

龍捲風巨大的能量可以覆舟也可以載舟，單看我們如何加以巧妙的利用。天然的龍捲風非常單純，它是以空氣為材料，以壓力差為媒介，以太陽為驅動力。「Enviro Mission」

龍捲風發電計畫便是模仿了天然龍捲風的單純性，利用最簡單的構造謀合了空氣、太陽與壓力差三個基本元素。與這三個元素相對應的，是三個構造元件：一座筒狀高塔，塔內的渦輪葉片，以及環繞著塔四周圍的溫室。溫室是用來收集太陽照射過後的熱空氣，高塔提供上、下壓力差加速熱空氣的上升，渦輪葉片則將熱空氣的動能轉成電能。這三個構造元件都是由耐久堅固材質所製成，平常不需特別維護，但關鍵之處是元件尺寸要夠大，才能營造出威力強大的龍捲風。

天然的龍捲風會亂竄，無法控制；為了取得龍捲風的能量，我們必須製造一個乖乖不動的龍捲風。參考圖 4.3 的設計圖，圖中的高塔就是龍捲風的旋轉中心柱，高塔底部四周圍的溫室就是龍捲風的氣旋底座。高塔與溫室提供一個固定不動的框架，讓龍捲風在內部「醞釀」、「旋轉」與「升騰」。

「醞釀」指的是溫室收集溫暖空氣與增溫的效果。溫室的半徑有數百公尺，其圓形底部覆蓋廣大的區域，整個安置在玻璃地板的地平面下方（玻璃地板就是溫室的天花板）。溫室的玻璃天花板允許短波太陽光射入，而室內物體所輻射

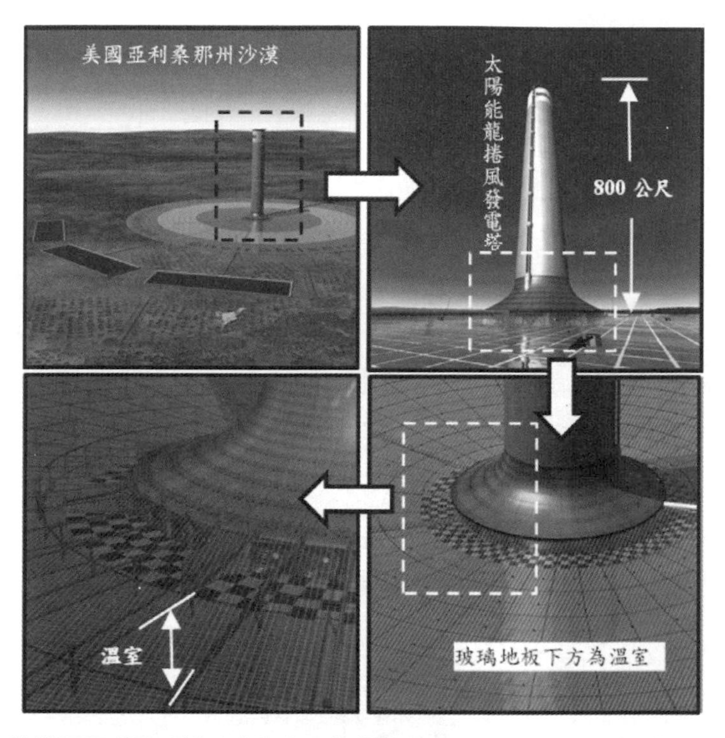

圖 4.3 位於美國亞利桑那州沙漠的太陽能龍捲風發電塔。包含三個構造元件：一座筒狀高塔，塔內的渦輪葉片，以及環繞著塔四周圍的溫室。溫室是用來收集太陽照射過後的熱空氣，高塔提供上、下壓力差加速熱空氣的上升，渦輪葉片則將熱空氣的動能轉成電能。圖片來源：www.gizmag.com/ enviromission。

的長波無法穿透出去，達到升溫的效果。溫室處在炎熱的沙漠地區，白天室外的表面溫度在攝氏 40 度左右，而溫室由於升溫的作用，可達到攝氏 80 ～ 90 度。

「旋轉」指的是大量熱空氣在溫室內形成後，往低壓中心匯聚的運動。溫室的低壓中心位於圓形溫室的圓心，此處因為連接高塔的底部，有上升氣流，速度大，壓力低，故溫室內四周圍的熱空氣全部往圓心移動，而產生螺旋匯聚效果（參見圖 4.4）。

「升騰」指的是熱空氣沿著筒狀高塔螺旋上升的運動。空氣的溫度每上升 100 公尺即下降 1 度 C，所以塔底與塔頂之間有基本的 8 度 C 溫差（不考慮溫室效應之下）。如果地面沙漠

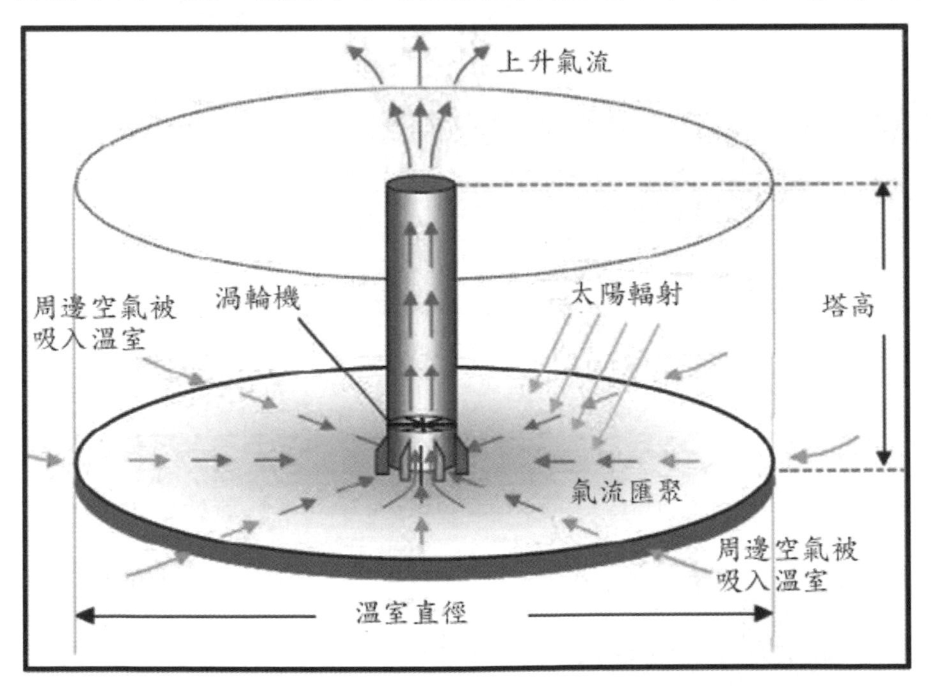

圖 4.4 「Enviro Mission」龍捲風發電計畫的運作原理。圖片取材自網站 www.cleantechnica.com。

溫度是 40 度 C 時，則塔頂溫度是 32 度 C。因為塔底連通溫室，而溫室可被加熱到 90 度 C，所以塔底與塔頂之間的溫差為 90-32=58 度 C。這個巨大的溫度差使得塔底與塔頂之間產生了強烈的對流作用，將熱空氣往上推升。除了熱對流之外，另一個推升的作用力來自塔底與塔頂之間的大氣壓力差。

我們知道海平面的大氣壓力是 760mm Hg，那麼海拔 800 公尺的塔頂大氣壓是多少呢？以簡單的登山規則來估算，垂直上升高度在 0 ～ 500 公尺之間時，每上升 100 公尺，大氣壓約會降 8.5mm Hg；垂直高度在 500 ～ 1000 公尺之間時，每上升 100 公尺，大氣壓約降 5.3mm Hg。因此海拔 800 公尺的塔頂大氣壓應下降了 8.5×5+5.3×3=58.4mm Hg，相當於下降了 7.7% 的海平面大氣壓。所以考慮高塔內的垂直空氣柱，其下方的壓力會比上方的壓力高 7.7%，這個壓力差提供了向上的作用力，使得熱空氣獲得加速的動能，能更有效率地推動渦輪葉片。

從以上的分析，我們了解到龍捲風發電的效率取決於二個主要因素：塔的高度與溫室效應的強弱。而龍捲風發電的優點則是顯而易見的：

(1) 它的工作原理取決於高塔上、下端的相對溫度，而非絕對溫度，所以可操作於任何溫度的天氣。

(2) 系統獨立，不受外在風力的影響。龍捲風的「風」不是由外界大氣環境所提供，而是由其內部的溫室所醞釀。所以完全無風時，仍可滿載發電，這一點是它和風力發電的最大不同之處。

(3) 晚上也可發電。土地的比熱遠大於空氣的比熱，所以晚上時，地面溫度的下降幅度遠低於 800 公尺上空的溫度降幅，所以高塔的上、下端仍維持著相當大的溫差，這可確保上升氣流對渦輪的持續運轉。晚上也可發電的特性是它和太陽能發電的最大不同之處。

(4) 可以建立在不毛之地，完全避開對人們生活的干擾。

(5) 除了渦輪機之外，整座塔是空的結構，整個溫室是空的結構，他們只是提供空氣流動的通道。所以除了渦輪機的定期維護外，龍捲風發電廠幾乎不需要甚麼營運成本。

(6) 除了空氣和陽光之外，它不需要水，不需要煤，不需要鈾，不需要任何原料。

(7) 它不會排出或輻射出任何的污染物質，它唯一的排放物是在塔頂部的熱空氣。

龍捲風發電廠不需要水、不需要風、可以一天 24 小時運作，可以說是兼具了所有再生能源的優點。它唯一的缺點就是尺度要夠大，高塔要有數百公尺的高度，溫室要有方圓數百公尺的面積。表面上看起來龍捲風發電廠需要大的空間，所以比較適合蓋在沙漠或沒有利用價值的廣大空地上，然而如果我們充分了解到龍捲風發電塔的運作道理，我們將發現都市中的每一座摩天大樓其實都可當作是龍捲風發電塔。因為大樓本身就是一座高塔，同時大樓表面都是由玻璃帷幕所包覆，所以大樓本身就是一座巨大的溫室。都市熱浪引起的溫室效應絕不亞於沙漠熱浪中的溫室效應（參見圖 4.5）。

利用大樓既有的通風管路，將各層樓所產生的溫室氣體匯聚到中央排氣通道。此中央排氣通道是大樓主體結構的一部分，從樓底直達樓頂。所以只要大樓夠高，該中央排氣通道的上、下兩端的壓力差和溫度差即可以造成強烈的對流作用，使熱空氣上升並驅動渦輪機的轉動。沙漠裡的溫室純粹是靠太陽加熱，然而大樓裡面的溫室除了靠太陽加熱外，還有二個額外溫室效應的加持：人群與電器設備。

群眾聚集的地方容易悶熱，因為人所呼出的二氧化碳的溫度接近人的體溫，約 36 度 C，所以在通風不良的地方，群眾的聚集很容易就可將周圍的空氣加熱到三十幾度。這就是人本身所產生的溫室效應，這股具體的「人氣」是可以用來發電的。

圖 4.5 都市熱浪引起的溫室效應絕不亞於沙漠熱浪中的溫室效應。若能善於利用大樓上、下高度差所產生的熱對流效應，則每一棟超高層大樓都可變身為龍捲風發電塔。

電器設備對於空氣的加熱作用更遠超過人呼吸的加熱作用。電力公司所送出的電能被電器所吸收並利用的比例，其實只佔電能總輸出的小部分，大部分的電能都是以熱的形式耗散到周圍的空氣中，形成能源的浪費。對大樓而言，電器（電腦、冷氣、所有 3C 產品）所產生的溫室效應有時甚至比太陽的溫室效應還強。我們通常把人類造成的溫室效應當成對環境的一種危害，然而從龍捲風發電的觀點來看，人為產生的溫室效應越強，高塔上下二端的熱對流越顯著，發電的效果越佳，這正是「人氣」可發電的道理。

減少溫室效應是消極的環保思想。與其對抗溫室效應，不如與其合作，將溫室效應轉化為有用的能源，這才是積極的環保思想，才是表現了「化負面能量為正面能量」的精神。興建一棟高數百公尺的大樓，動輒耗資數百億台幣，這金額與在亞利桑那州的沙漠興建一座高 800 公尺的龍捲風發電塔的金額（7.5 億美金）是相當的。如果興建這樣一棟超高層大樓只是基於居住或商業用途的目的，那真是浪費了地球有限的資源。我們認為居住或商業用途只是超高層大樓的附加價值，它的真正價值在於是都市熱浪中的一座龍捲風發電塔。若能善於利用大樓上、下高度差所產生的熱對流效應，則每一棟超高層大樓都可變身為龍捲風發電塔，將有害的溫室效應轉化為純淨的能源，進而成為一個能源自給自足的獨立系統。

麥田圈的
地質效應

前面我們討論了產生麥田圈的第一個自然因素——氣旋效應。第二個可能的自然因素是地質效應。地質學家經過多年的觀測與資料積累，發現了一個跟麥田圈有關的地質現象。在英國出現的麥田圈中，有 87% 以上出現在淺層地下水的上方，有 78% 以上出現在白堊土或海綠石砂（砂岩和綠土的混合土層）之上。依此數據推測，塑造麥田圈的力量似乎和水有著密切的關係。純水本身不會導電，必須在其中溶入相當多的礦物性電解質才能導電。巧合的是，英國南部的蓄水層富含鹼性白堊，而白堊主要成分是碳酸鈣，它是源自於史前海洋生物的殘骸，帶有微量磁鐵礦；當溶於水時，可使水導電。

美國 BLT 研究小組 從 1992 年開始即研究蓄水層、地下水位和麥田圈三者的關係。他們的研究結果顯示，每一季含水量變化幅度最大的蓄水層，就是威爾特郡的蓄水層。因此，豐富的白堊和充足的地下水相結合，讓威爾特郡成了世界上最大的電能導體，同時也是世界上麥田圈產量最大的地方。帶有離子的地下水的流動產生了地表電流，而電流變化可以產生磁場，從而造就了有利於麥田圈形成的環境條件。

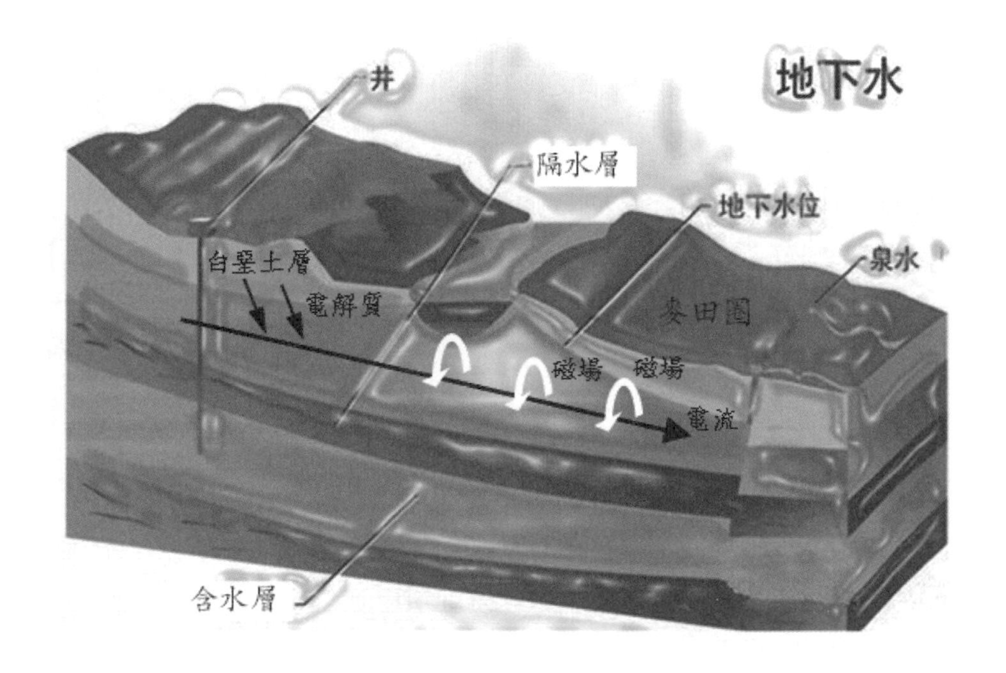

圖 5.1 大雨過後，雨水完全滲入白堊土層，並將碳酸鈣融入到蓄水層中，帶電離子隨著地下水的流動而產生了電流。圖片來源 :http://www.soku.com.tw/ 地下水 /。

如圖 5.1 所示，大雨過後，雨水完全滲入白堊土層，將碳酸鈣融入到蓄水層中，帶電離子隨著地下水的流動而產生了電流。此時研究者到麥田測量磁場，偵測到許多磁場變化。4 天後，新的麥田圈就出現在原先測量磁場的地方。又過了 4 天，研究者回到原地偵測，所有磁場變化都消失了。

這一調查結果顯示麥田圈的出現會伴隨磁場的變化，而磁場的變化又與當地的地質條件有關。從目前的研究資料來看，地質效應雖不是麥田圈形成的主導因素，但在氣旋或閃電的同時作用下，提供了有利於麥田圈生成的條件。

明白了地質環境生成磁場的機制後，後續的問題是：「地下水流動所產生的磁場又是如何會造成地上麥稈的傾斜呢？」為了解開這一迷惑，我們追蹤來到俄羅斯的麥田圈。1994 年麥田圈現象延伸到了俄國，在俄羅斯克拉斯諾達爾邊疆區的向日葵田裡和陶里亞蒂的蕎麥田裡都出現了神秘怪圈。俄羅斯地質協會成員斯米爾諾夫決意解開此謎。斯米爾諾夫做了一個實驗，他先從麥田裡撿了一些蕎麥稈，放進微波爐裡，然後加入一杯水，在 600 瓦的高頻輻射下，經過 12 秒鐘，蕎麥稈發生了奇異的變化。所有試驗的麥稈都在節瘤處發生了彎曲，其形狀與陶里亞蒂麥田裡倒伏的麥稈完全一樣。斯米爾諾夫因此推斷，陶里亞蒂的麥田一定是受到了高頻微波輻射，但高頻微波輻射的來源是哪裡呢？斯米爾諾夫認為，也許是來自地球內部的磁場變化。

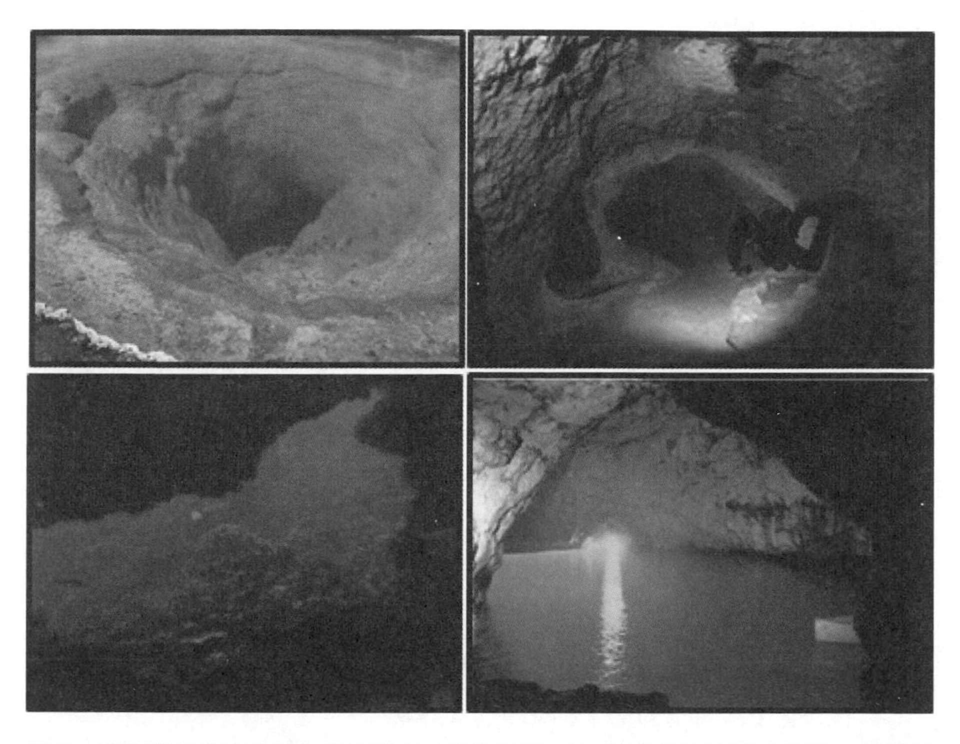

圖 5.2 麥田圈地底下的石灰岩地形富含地底岩洞，這些岩洞是天然的共振腔。當帶電粒子流過岩洞產生共振時，即會造成電磁波的發射。圖片來源：http://vision.xitek.com/famous/200910/09-28443.html。

斯米爾諾夫沒有進一步討論何謂「來自地球內部的磁場變化」？但是結合斯米爾諾夫的實驗以及前面所提到的地質效應，我們逐漸拼湊出問題的解答。麥田圈的地底下通常含有豐富的白堊和充足的地下水，這可以產生帶電的流動導體。

同時我們注意到石灰岩地形富含地底岩洞，這些岩洞是天然的電磁波共振腔（參見圖5.2）。當帶電粒子流過岩洞產生共振時，即會造成電磁波的發射，此道理與磁控管的微波輻射機制是類似的。當然問題到此還沒有全部釐清，進一步的探索是要確認由天然的岩洞共振腔所發射的電磁波頻率位於何波段？其強度多大？是否能造成如實驗室中，高頻微波輻射讓麥稈彎曲的相同現象？

閃電對大地曝光的成像：麥田圈

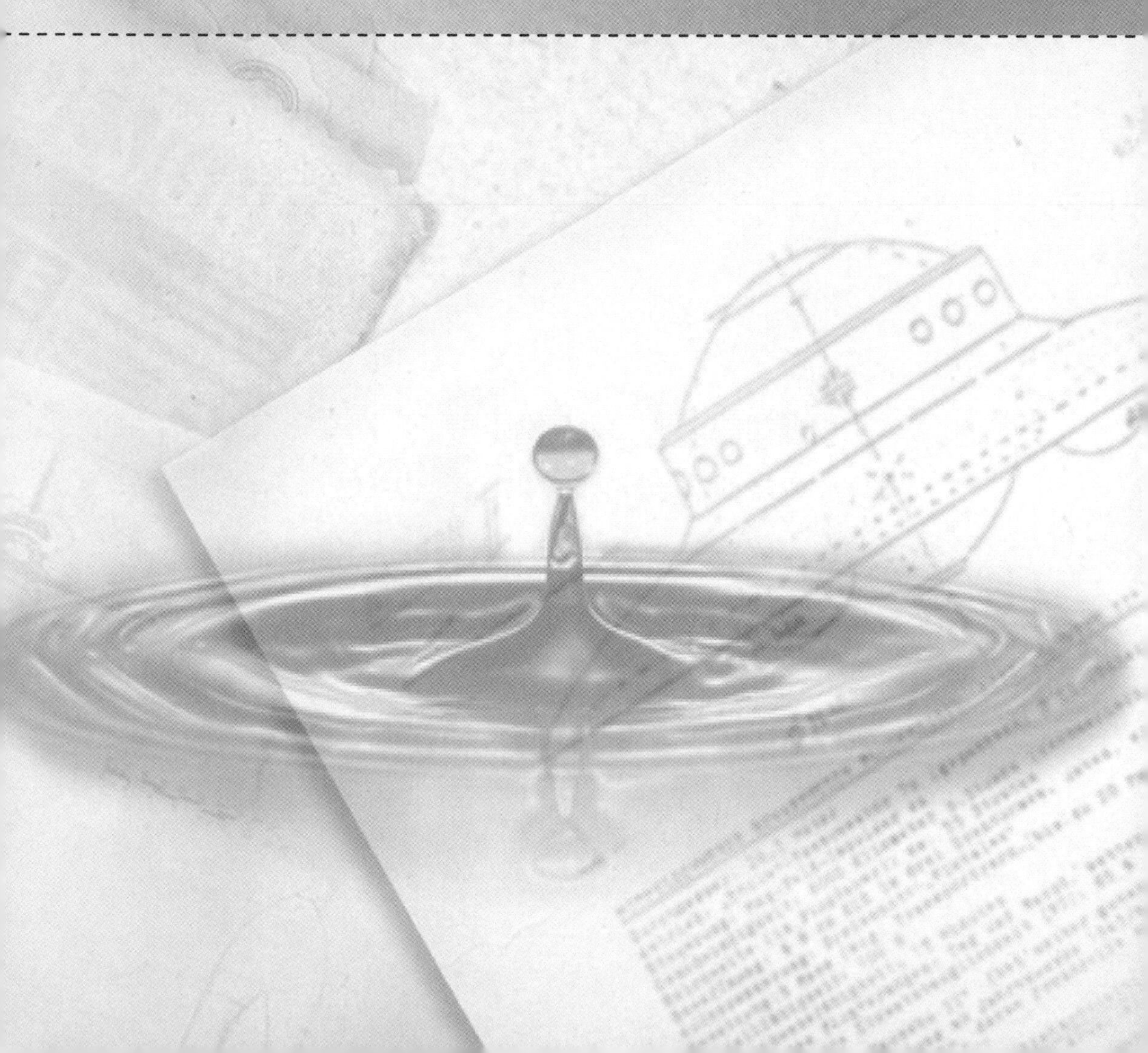

前述提到俄羅斯地質研究人員發現微波輻射會讓麥稈倒伏，但這微波輻射是從哪裡來的呢？帶電地下水的流動是會影響電磁波輻射，但是不是產生電磁波輻射的主要來源，仍有待確認。在多條可能的線索中，俄羅斯電工學院的專家阿爾將耶夫首先提出高頻輻射應是來自閃電。阿爾將耶夫指出，高頻輻射使草本植物發生規律性倒伏並不稀罕。他回憶50年前與兩名年輕的助手一起在學院的草坪上試驗高頻設備，當懸在草坪上的高壓電纜被接通電流時，電纜下方的草坪立刻呈順時針方向倒下，形成一個極其規律的圓圈。阿爾將耶夫解釋說，當電纜通電時，草坪被電磁化，此時的草坪相當於電動機裡的定子，而電纜是轉子，在電磁扭力的作用下，草坪上的草便發生扭曲。阿爾將耶夫認為，電纜所產生的電磁現象相當於人造閃電，而大自然的閃電更加奇妙，它會產生更加複雜的電磁場，因而也就可以畫出更加奇妙的圖案。

通電電纜線讓草倒伏的實驗開啟了以正統科學方法研究麥田圈的途徑，這一途徑用理論分析與實驗數據取代主觀的揣測與推論，從而給予麥田圈起源一個定量及客觀的解釋。不過阿爾將耶夫對於通電電纜線如何讓草倒伏的解釋，還存在一些疑點未釐清：

(1) 通電電纜線將草坪電磁化，所以電磁力可以作用在草坪上，而使草彎曲。但是這種力是一種物理性的機械力，一旦斷電後，草坪失去了電磁感應，推動草彎曲的力量瞬間即撤除，除非草受到永久性的破壞，否則草梗的彈性應該會使其恢復（或部分恢復）原來的姿態。但是觀察麥田圈中的麥稈倒伏，它是一種持續性的倒伏，也沒有受到破壞，但直到麥田收割，都無法回正。這顯示使得麥稈倒伏的作用力應該不是一種暫時性的物理機制，而似乎已經造成植物內部化學性質的改變。

(2) 如果是閃電的電磁作用力使得麥稈倒伏，那麼麥田圈生成的晚上應該都是雷電交加才對，而且剛發生過閃電的地方，應該就可預期到麥田圈的出現。然則實際的情況並非如此，否則麥田圈的產生老早就被定調為閃電的產物了，不會衍生出今日這麼多種的說法。閃電之後，馬上會出現麥田圈嗎？關鍵證人是那些在白天時刻，恰巧目擊到麥田圈於瞬間產生的那些人。根據他們的說法，當一陣怪異的風吹來，並夾雜著一些高頻的神祕聲音，麥稈就在他們眼前傾倒成特定的圖案。

閃電是非常劇烈的聲光電現象，尤其若是在寬闊的麥田中遇到閃電，將是一件非常危險的事情，但是這些當下的目擊者每一個人都不是在閃電的同時，剛好待在麥田裡，然後看到麥田圈的形成。從他們的觀點來看，麥田圈是在毫無預兆的情況下就發生了，與強烈的閃電無關。所以如果說閃電是麥田圈發生的前兆，這顯然與目擊者的證詞不合。

對照目擊者的說法，閃電似乎和麥田圈的形成無關。但是我們前面又看到通電的電纜線確實會讓草梗倒伏的實驗，依此推論，閃電所產生的強烈電流應該會對麥田有所影響才對。顯然實驗預測與目擊證詞不合，到底問題出在哪裡？

閃電的電壓都在千萬伏特等級以上，電流則是幾萬安培，但是它的作用時間卻只有百萬分之一秒。所以閃電的可怕在它的瞬間能量（功率），而非它的總能量。閃電接觸地面的地方是在尖端放電的點上（相對於地面的凸出物），在這個直徑幾公分的圓範圍內，由於瞬間的高熱而燒焦尖端放電處的動植物。

圖 6.1 石頭落水的衝擊力造成水面的擾動，此擾動會以石頭的入水點為中心，向四面八方擴散，形成我們所看到的圓形水波。圖片來源：http://www.yhmpc.com/?tag=圖片水波紋倒影。

然則閃電的影響僅在於產生尖端放電的地方嗎？想一想，如果我們將一塊石頭投入水中，石頭對水的影響只有在石頭接觸水面的那一點嗎？當然不是！接觸點只是石頭衝擊力的作用點，此衝擊力會造成水面的擾動，此擾動會以石頭的入水點為中心，向四面八方擴散，形成我們所看到的圓形水波（參考圖 6.1）。水波傳多遠，石頭落水效應對水面的影響就有多遠。

同樣的道理，閃電對地面（麥田）的影響也並不止於閃電與地面的接觸點。相對於石頭造成的擾動是以水波的型式傳播，閃電所造成的擾動是以強烈電磁波的形式，以地面的接觸點為中心，向四面八方傳播。當這一強烈電磁波經過麥田或農作物上方時，會造成植物內部構造的極化現象（正負電的分離），使得原本是電中性的植物體，變成一部分帶正電，而另一部分帶負電。雖然此一極化現象發生在很短暫的時間之內，但已經被記錄在植物的分子結構上，影響到了植物的後續成長。

若以照相機的原理來做比擬，閃電就是自然界的閃光燈；閃光燈閃爍的瞬間，使得照相機的底片曝光在鏡頭前的景象，從而記錄了快門按下瞬間的影像。如果閃電是自然界的閃光燈，那麼大地上的農作物就是底片，記錄了閃電對農作物曝光的瞬間，強烈電磁波的傳播與分布情形。

農作物是有機體，體內生化反應的正常運作有賴於帶電離子於細胞內外的進出與交換。在閃電的瞬間，強烈電磁波干擾了離子於細胞內外的交換作用，造成細胞運作的異常。此一電磁波的干擾雖非常短暫，不至於造成植物的立即性死亡，但其所造成的細胞缺陷將會緩慢的影響到後續植物的成長過程。愈靠近閃電作用點的農作物，所受到的電磁輻射愈強，將愈快反映出閃電所造成的成長缺陷。所以閃電對農作物的瞬間曝光造成了植物細胞缺陷，而缺陷的大小反映了所受電磁波強弱的空間分布圖像。這種自然界的曝光機制就猶如照相機底片曝光的瞬間，記錄了當下鏡頭前的景象。

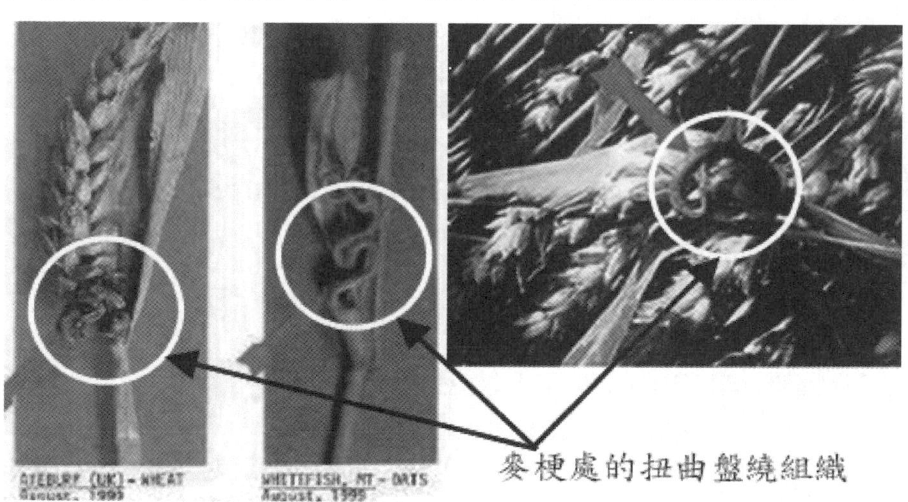

圖 6.2 研究人員 W. C. Levengood 觀察傾倒的小麥（左）和燕麥（中），發現在麥梗之處均出現相同的特徵：扭曲盤繞的麥體組織。此異常組織不是由外力撞擊所造成，而是麥體自身發育形成的。圖片來源：http://www. bltresearch.com/otherfacts.php#stems

研究人員觀察傾倒的小麥和燕麥（參考圖 6.2），發現在其麥梗之處均出現相同的特徵：扭曲盤繞的麥體組織。此異常組織不是由外力撞擊所造成，而是麥體自身發育形成的。也就是說，使得麥體倒伏的異常結構並不是在麥田圈形成時突然出現的，其病因在麥苗發育的早期即已引入，再隨著麥苗的成長而逐漸顯露其徵狀。研究人員推測應是麥苗在發育早期已受到某種強烈電磁波的照射，引起細胞成長的缺陷，再經過數週的發育過程後，才形成所觀察到的扭曲盤繞的異常組織。

如圖 6.3 所示，閃電形成麥田圈圖案，其原理如同傳統照相機的底片顯像原理，兩者的每一道程序都有相對應的關係。下面我們先來了解一下傳統照相機的顯像原理，這將有助於釐清閃電形成麥田圈的內部機制。

底片顯像的方法就是以光線引發化學反應，使它能夠記錄下物體的明暗、色澤和形象。它的運作程序摘要如下：

(1) 按下照相機快門時，底片乳膠膜上所含的溴化銀（AgBr）受到光線的照射，生成肉眼所不能見的潛像（latent image），它實際是一種結晶上的缺陷。

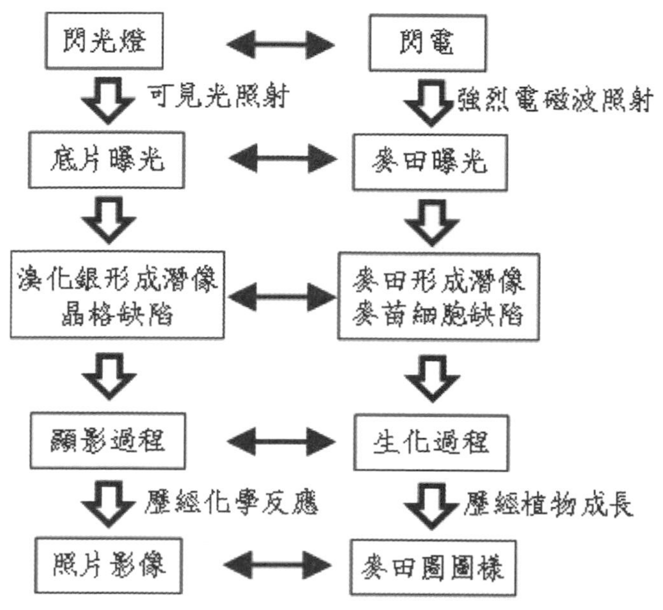

圖 6.3 閃電形成麥田圈圖案，其原理如同傳統照相機的底片顯像原理，兩者的每一道程序都有相對應的關係。

(2) 生有潛像的鹵化銀與一些還原劑接觸時，能夠引發一種催化還原反應（catalytic reduction），析出黑色的銀粒子，而複製出原先的影像來，此還原反應在照相術裡謂之顯影（developement）。

(3) 未曝光的部分則因缺少潛像之催化作用，而繼續以鹵化銀的形式存在。再透過硫代硫酸鈉（俗稱海波）溶解未反應之鹵化銀，此步驟稱之為定影（fixing），曝光部分則以黑色的銀像繼續保存下來；此時底片上所見的影像其黑白部分恰與實物相反，亦即一般所稱的負片（negative）。

底片成像的三大步驟：曝光、產生潛像、顯影，與麥田圈形成的三大步驟有一致性的對應關係，所不同的是，將閃光燈換成閃電，而底片換成麥田，如圖 6.4 所示：

(1)閃電對麥田曝光： 閃電所形成的強烈電磁波（包含各種頻率）照射在麥田上，其作用猶如可見光照射在相機底片上，形成曝光的效果。

(2)產生有缺陷的麥苗（產生潛像）： 被強烈電磁波照射到的麥苗，其體內細胞的生化反應受到干擾，造成細胞代謝運作的異常。而沒有被電磁波照射到的麥苗則維持正常運作。

(3)形成麥田圈（顯影）： 有缺陷的麥苗長成後，無法直立，倒伏成麥田圈，而沒有倒伏的麥仔則是沒有受到電磁波的照射。所以麥田圈的圖案顯影了當初閃電所施放電磁

圖 6.4 麥田圈形成的三大步驟：曝光、產生潛像、顯影，與底片成像的三大步驟一致，只是將閃光燈換成閃電，底片換成麥田。

波的空間分布情形。從閃電的照射到麥田圈圖案的形成，這中間的植物生化過程可能要歷時 2 ～ 3 星期，甚至要超過一個月，以致於長久以來讓人們輕忽了這二個事件間的關聯性。

簡而言之，麥田圈的圖案就是閃電所施放電磁波的強度分布圖。為了進一步探究麥田圈的形成機制，我們有必要先對閃電有一些基本的認識。

閃電的形成過程涵蓋下列幾個階段：

(1)形成雷雲：一團暖空氣夾帶著大量的水蒸氣在上升途中，經過冷熱的複雜變化後，變成了典型的「雷雲」(參考圖 6.5)。它的結構是－上層有帶正電的小冰晶，而中下層是帶負電的冰雹。因此整個雲層就像是一個巨大的蓄電池，在二雲層之間或在雲層與地面之間產生正負電荷的分離現象，這中間的電壓差可能高達幾千萬伏特！

(2)空氣被擊穿：一塊雷雨雲裡，正電荷和負電荷分開的兩部分相互吸引，像磁鐵一樣。而阻止兩者的絕緣體是空

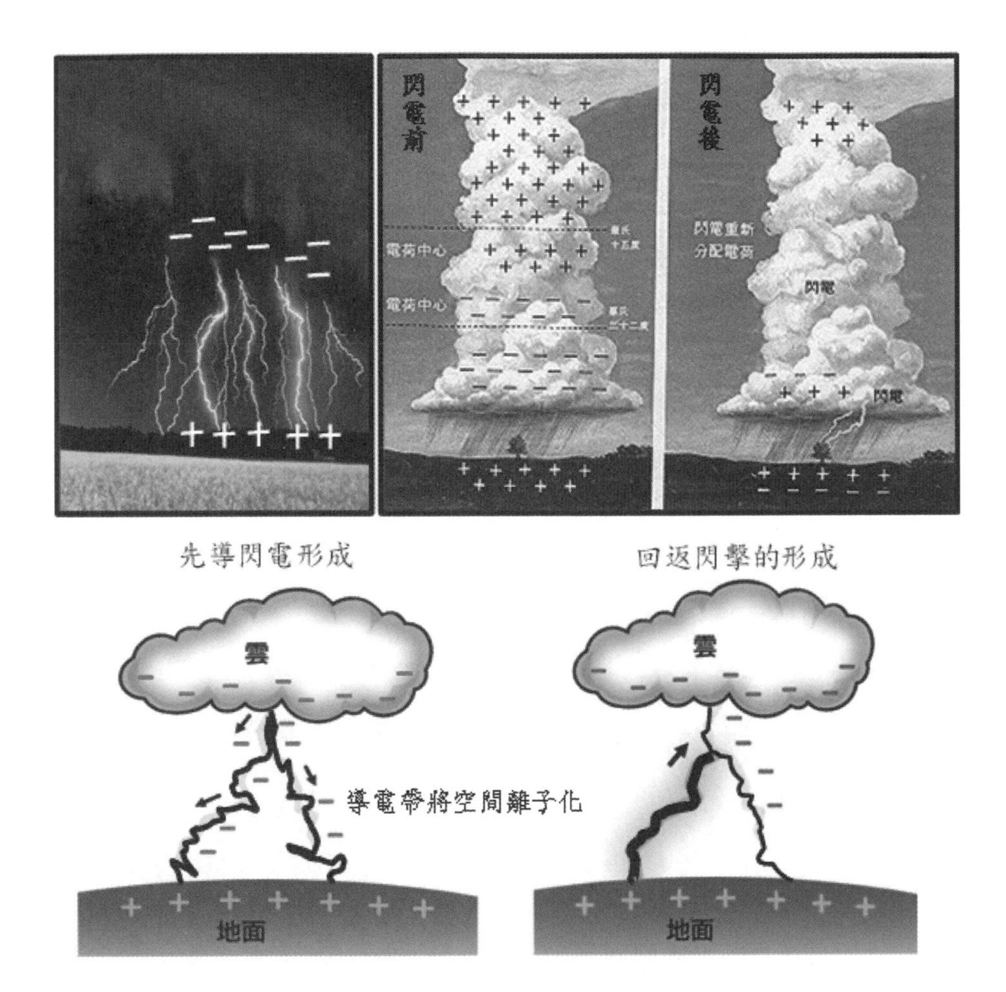

圖 6.5 雲層的下端帶負電，透過靜電感應機制，感應出地面上的正電荷。當兩極電荷的電壓差大到可衝破絕緣的空氣時，閃電就發生了。圖片來源：http://www.hk-phy.org/iq/lightning/lightning.html。

氣。雲和地之間的空氣做了絕緣體，當兩極電荷的電壓大到可衝破絕緣的空氣時，閃電就發生了。閃電會發生在雲塊或發生在兩堆雲中間，方向是自上而下；有些發生在雲塊與地面之間，方向是由下而上。以全世界來論，閃電擊中地球的次數平均是每秒鐘 100 次。

(3)先導閃電(step leader)：雲層的上部帶正電，下部帶負電，因此地面便會感應了大量的正電。雲層下部的電位要比地面低得多，所以帶負電的電子便會向地面加速。當閃電開始時，雲底會向地面發出「先導閃電」；先導閃電並不很光亮，但速度很快。它會前進約 50 m，然後做一個很短的暫停，之後再改變方向前進、暫停。這個過程會重覆許多次，形成一條曲折的路徑（圖 6.5 之左下圖）。高速移動的電子會把空氣電離化，使這條路徑能夠導電。

(4)回返閃擊(returning stoke)：當「先導閃電」將空氣電離化，在雲層與地面之間鋪設一條導電帶後，即可開始通電。最易通電之處是地面上的尖端突出物，因為此處電場最強，最容易導通電流。電流導通的瞬間，地面上大量的正電荷上升，跟路徑中的負電荷中和，因而產生放電現象。在放電的過程中釋放出巨大能量，這便是「回返閃擊」（圖 6.5 之右下圖）。由於「回返閃擊」比「先導閃電」光亮得多，所以我們看見的閃電原來是由地面向天空的放電過程！「回返閃擊」才是強光、熱能和巨響的源頭。

(5)重複數次閃電：當「回返閃擊」消失後，在一段極短的時間後，雲層會再次發出「先導閃電」；但這一次的「先導閃電」並不會在中途暫停，而且會沿著「回返閃擊」所走的路而行。這個過程會重複許幾次，甚至幾十次。每放一次電，雲層的帶電量即減少一些，所以放電的強度會一次比一次弱；另外由於風力的作用，雲層在放電的同時，隨著風向飄移，所以在一系列的閃電中，每一次閃電的中心位置會有數公尺到數十公尺的飄移。又因為每一次的閃電強度逐次遞減，所以一系列閃電所形成的麥田圈應該是一系列的圓，且圓的半徑遞減，圓心與圓心的距離隨閃電發生時的風速而定。

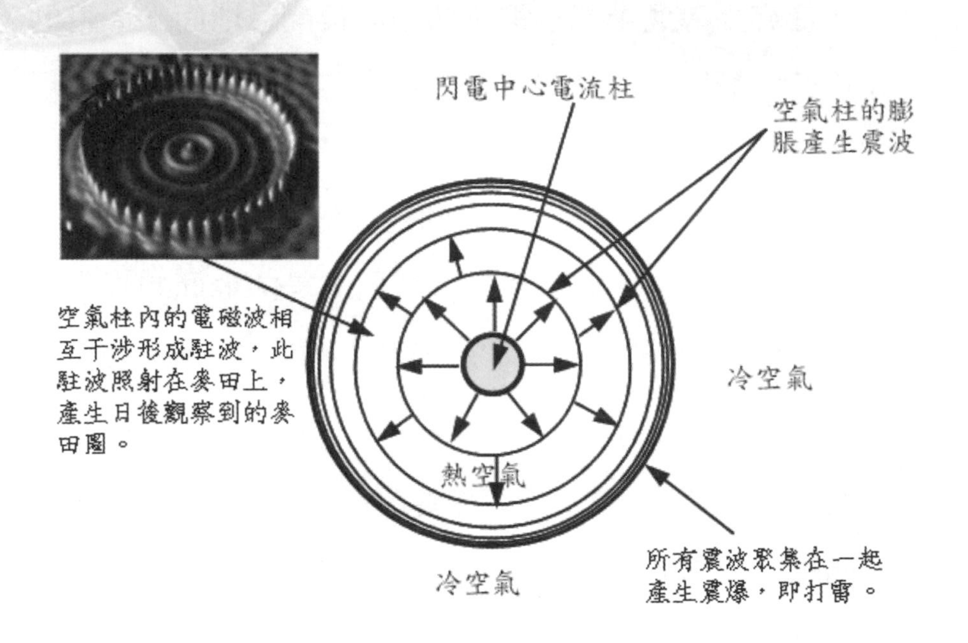

圖 6.6 空氣在閃電瞬間接受到巨大能量，因高熱產生劇烈膨脹。空氣震波以閃電為中心向四面八方膨脹，前、後出發的震波最後都聚集在一起產生震爆，即俗稱的打雷。

(6) 雷聲：因為閃電的電壓高達幾千萬伏特以上，所以空氣在瞬間接受到巨大能量的時候，會因高熱產生劇烈膨脹。空氣柱以閃電為中心向四面八方膨脹，空氣膨脹的速度在靠近閃電的內圈為超音速，愈往外圈，溫度下降，空氣速度逐漸遞減到音速（參考圖 6.6）。所以空氣膨脹的速度愈往外圍愈慢，先膨脹的空氣柱（震波）陸續被後膨脹的空氣柱趕上，最後先到、後到的震波全部撞在一塊，產生震爆，並發出巨大的聲響向四周傳播，此即我們所聽到的「雷聲」。

電磁場

決定麥田圈圖案

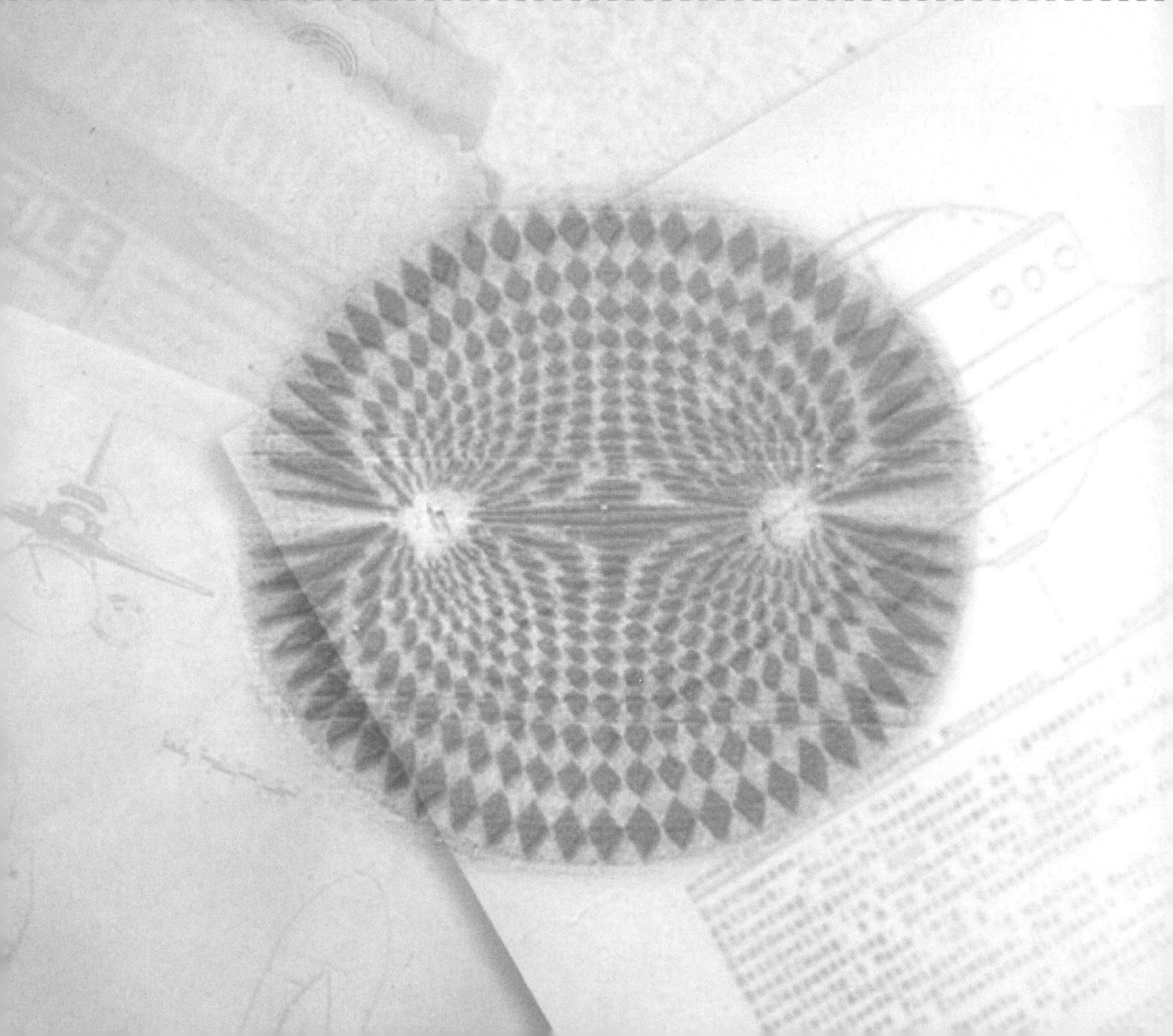

麥梗的倒伏是受到閃電的電磁波照射，所以麥田圈的圖樣反映了閃電發生時，電磁波的瞬間分布情形。閃電所產生的脈衝電流 I 從地面流向雲層，並在電流四周圍建立磁場 B。此磁場 B 與 I 成正比，與距離 r 成反比。麥梗倒伏的方向就是磁場方向的紀錄。圖 7.1 的下圖是利用羅盤測量導線四周圍的磁場方向，用以驗證磁場方向與圖 7.1 上圖的麥梗倒伏方向一致。

閃電所產生的電磁波是以閃電為中心向四面八方發射，當電磁波碰到震波聚集的空氣柱後，會產生反射及折射的現象。注意電磁波是以光速傳播，而空氣震波是以聲速前進，其速度遠低於光速。所以當電磁波於空氣柱內運動時，空氣柱可視為是靜止。

由閃電所發射的電磁波在空氣柱後會反射，並與前進方向的電磁波產生干涉作用。在發生建設性干涉的地方，電磁波強度倍增，使得麥稈倒伏；在發生破壞性干涉的地方，電磁波強度對消，則麥稈保持直立不受影響。所以麥田圈的圖案實際上就是重建了電磁波的干涉圖案，就如同底片的曝光原理，電磁波對底片曝光，而底片記錄著曝光瞬間的電磁波

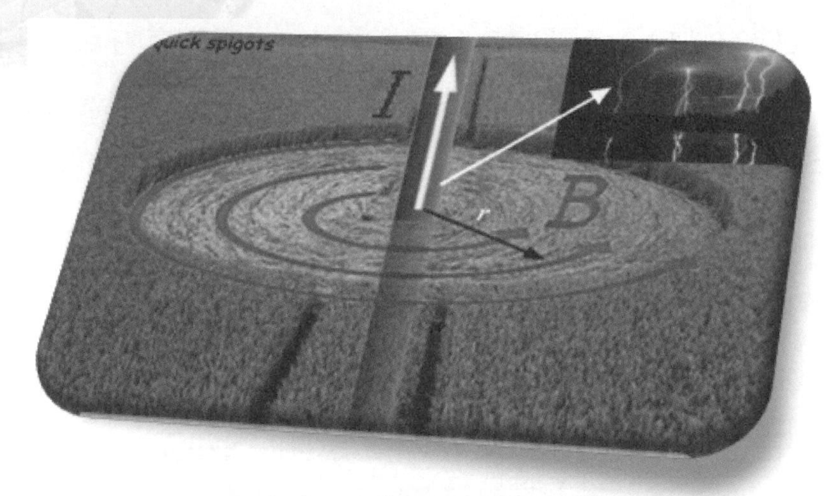

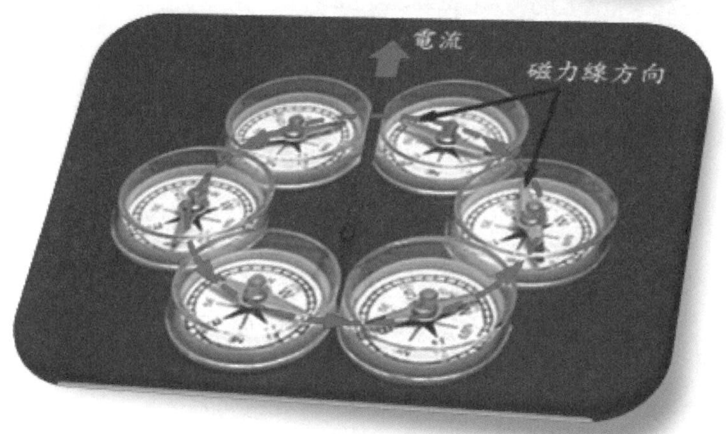

圖 7.1 閃電瞬間發生時，脈衝電流 I 從地面流向雲層，並在電流四周圍建立磁場 B。此磁場 B 與 I 成正比，與距離 r 成反比。麥梗倒伏的方向即磁場方向。下圖是利用羅盤測量導線四周圍的磁場方向，用以驗證磁場方向與上圖的麥梗倒伏方向一致。圖片來源：http://www.cropcirclesonline.com/nature- science/crop-circles/en/crop-circles-understanding-2-lang=en.htm

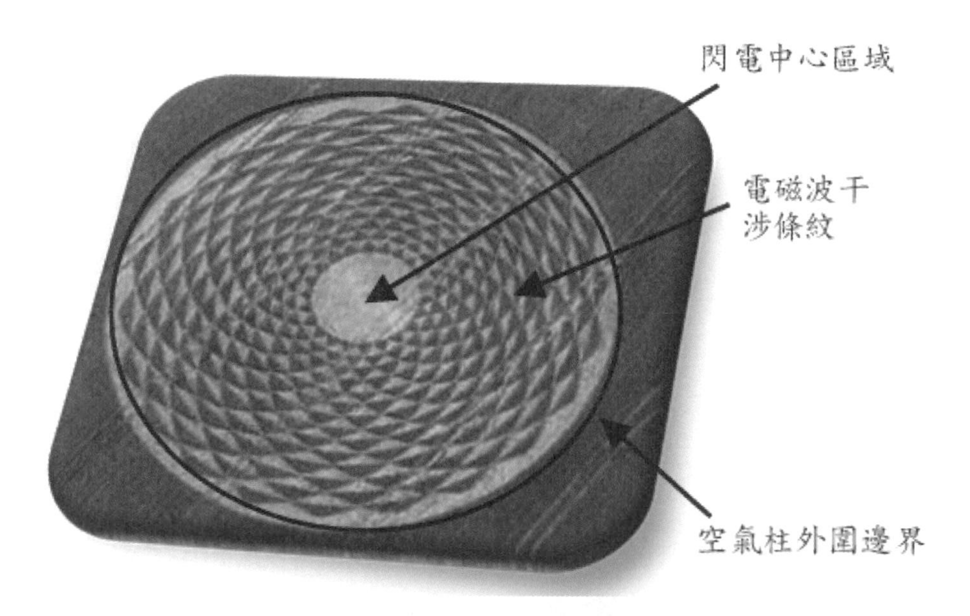

圖 7.2 此麥田圈圖案呈現一束閃電所發射的電磁波在空氣柱內反射，與前進方向的電磁波產生干涉作用。在發生建設性干涉的地方，電磁波強烈使得麥稈倒伏；在發生破壞性干涉的地方，電磁波微弱，麥稈直立不受影響。所以麥田圈的圖案實際上就是電磁波的干涉圖案。圖片來源：http://www. satanka.estranky.cz/clanky/kruhy.html。

強弱分布情形。圖 7.2 的麥田圈顯示了一束閃電所產生的電磁波干涉圖案。

前面提到閃電的發生是雲層的放電作用，而且通常雲層不是一次放出所有電荷，而是透過一系列由大到小的放電過程。由於雲層整個會隨風飄移，所以雲層每一次的放電其相對於地面的位置並不相同。如果相鄰二次的放電位置很接近時，則它們的電磁效應會互相疊加，產生合成效應。圖 7.3 麥田圈圖案反映出相鄰二次閃電互相干涉所形成的電場分布。其情形猶如將二個正電荷各放在二次閃電中心所形成的合成電場。

圖 7.4 的上圖是根據靜電場理論畫出二個相鄰正電荷所合成的電場，其中近似圓形曲線為等電位線，雙曲線為電力線，兩者互相垂直。下圖表示麥田接受相鄰二次閃電的曝光，並經過幾星期的成長過程後，所呈現的麥田圈圖案，其線條的特徵與上圖的雙電荷電場的理論曲線一致，呈現清楚的等電位線與電力線。圖 7.4 的麥田圈圖案是 2000 年 7 月在英國出現，它和理論曲線吻合的天衣無縫，逼真到令人懷疑它是不是真的是閃電所造成的(too good to be true)。果然在倫敦的麥田圈製造藝術者約翰・倫德伯格(John Lundberg)，宣稱這個麥田圈是他的工作團隊 Circlemaker 所完成。由於小麥或其他農作物並非電的優良導體，縱使在閃電所形成巨大電場的作用下，它們所展現的行為應該沒有像理論預測一般地完美。

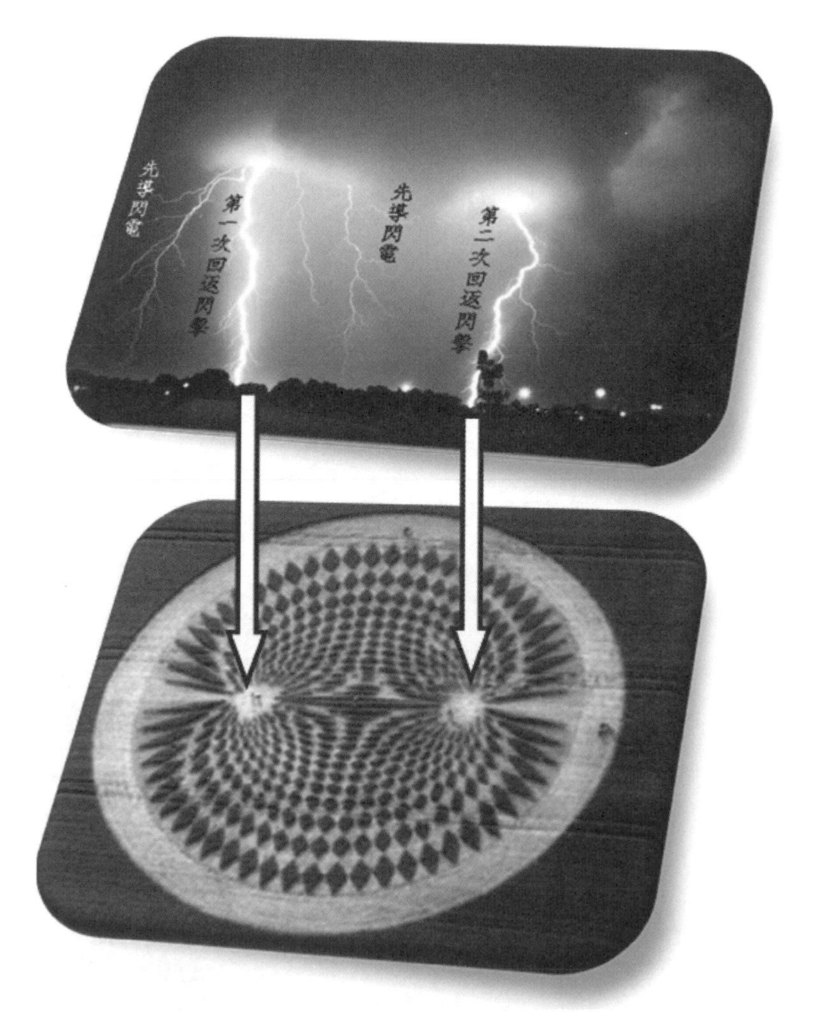

圖 7.3 麥田圈圖案反映出相鄰二次閃電互相干涉所形成的電場分布。其情形猶如將二個正電荷各放在二次閃電中心所形成的合成電場。上圖來源：http://www.nipic.com/show/1/47/2e026ff926b7a630.html。 下圖來源：http://www. cropcircleresearch. com/articles/uk2000co.html。

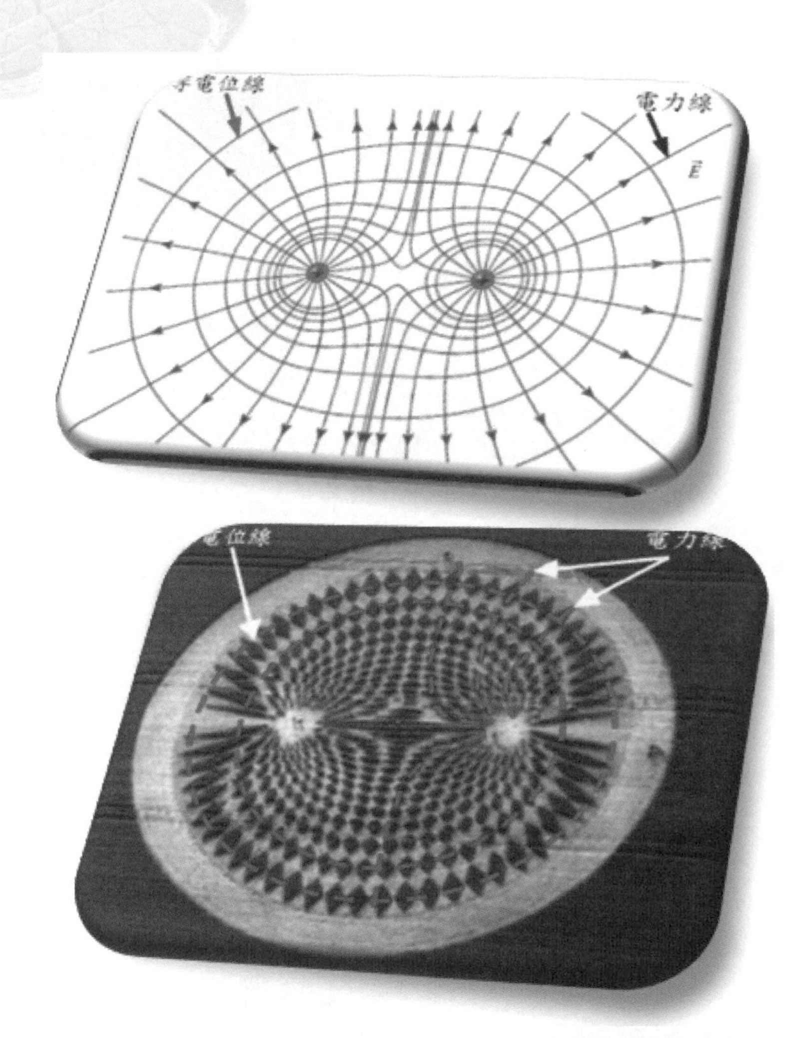

圖 7.4 上圖為二個相鄰正電荷所合成的電場，其中圓形曲線為等電位線，雙曲線為電力線。下圖表示由二次相鄰閃電所形成的麥田圈圖案，其線條的特徵與上圖的雙電荷電場的理論曲線一致，呈現清楚的等電位線與電力線。圖片來源：http://www.ravco.jp/cat/view.php?cat_id=5458

麥田圈瞬間形成的機制

蝴蝶效應與骨牌效應

閃電所形成的強烈電磁波照射在麥田上，造成細胞代謝運作的異常。有缺陷的麥苗經過幾個星期的成長後，在其麥梗關節處形成螺旋狀的扭曲組織。此扭曲組織限制了麥稈所能支撐的最大重量，一旦超過此一最大重量，麥稈即瞬間出現挫曲現象(buckling)。所以隨著小麥的成長，當麥體重量達到某一臨界值時，有缺陷的麥稈已經到達其可以承受的最大重量狀態，此時只要一點點的風吹草動，麥稈就傾倒了。同時由於麥株與麥株距離近，彼此相連相挺，成長到臨界重量的時間點也彼此一致，所以一旦有一株小麥發生傾倒，將牽動其隔壁株的傾倒，於是啟動一連串的骨牌效應，使得一片麥田中具有成長缺陷的麥稈（當初受到閃電曝光者）幾乎在同一時間一起倒下。

沒有倒伏的麥株則是沒有受到電磁波的照射。所以麥田圈的圖案顯影了當初閃電所施放電磁波的空間分布情形。從閃電的照射到麥田圈圖案的形成，這中間的植物生化過程可能要歷時3星期，甚至超過一個月。

當一片麥田已經成長到其支撐重量的臨界點時，如果你剛好悠閒地走過，只是衣角不輕意地碰觸到其中一株小麥，你就將親臨一場不可思議的「超自然」奇景：一株小麥突然在你面前倒下，然後它旁邊的跟著倒，緊接著一株一株小麥如骨牌般接連倒下。當你還未還過神時，一陣風夾雜著窸窣聲迎面而來，一幅巨大的麥田圈圖案已出現在你四周圍了。這是所有當下目擊麥田圈形成的人的共同經驗。這個所謂的「超自然」奇景，其實表達了自然界中二種神奇的作用：蝴蝶效應[1]與骨牌效應[2]，亦即一個很小的擾動：衣角的輕觸，導致一個無法事先預料的巨大後果：整片麥田的傾倒，而從小擾動到巨大後果之間，則是透過骨牌效應所產生的連鎖反應來連結（參考圖 8.1 的圖示解說）。

為什麼麥田圈形成的同時，都會傳來一陣風並夾雜著窸窣聲？一株麥稈只有幾十公克，它的傾倒也許無聲無息；但幾公畝

1. 蝴蝶效應 (butterfly effect) 是指在一個動力系統中，初始條件微小的變化能帶動整個系統的長期的巨大的連鎖反應。這是一種混沌現象，來源於美國氣象學家勞侖茲 (E. N. Lorentz) 於 1960 年代初的發現。某地上空一隻小小的蝴蝶搧動翅膀而擾動了空氣，長時間後可能導致遙遠的彼地發生一場暴風雨，以此比喻長時期大範圍天氣預報往往因一點點微小的因素造成難以預測的嚴重後果。

2. 在一個相互聯繫的系統中，一個很小的初始能量就可能產生一連串的連鎖反應，人們就把它們稱為多米諾骨牌效應或多米諾效應（Domino Effect）。

圖 8.1 麥稈的傾倒是蝴蝶效應（butterfly effect）與骨牌效應（Domino Effect）的雙重表現，亦即只要一點小小的擾動即會造成一束麥稈的傾倒，而一束麥稈的傾倒將啟動連鎖反應，造成整片麥田的傾倒。

的麥子其重量總和將達數公噸，這麼龐大面積與重量的麥子在幾秒鐘內傾倒，將激起強大氣流而產生陣風，而麥株接連倒下的同時，彼此間的摩擦將引發窸窣的聲響。

一片直挺挺的麥子，就在突然之間，塌陷成某種奇異的圖案，實在很難不讓人聯想到是否有超自然的力量在後面操縱。其實自然界中，類似的瞬間突然變化、不可預期和不連續事件的發生，隨處皆是。例如水的相變、電子能級躍遷、彈性柱受壓挫曲、胚胎變化、情緒波動等等之不連續突然變化現象，都能夠用「遽變論」得到很好的解釋。

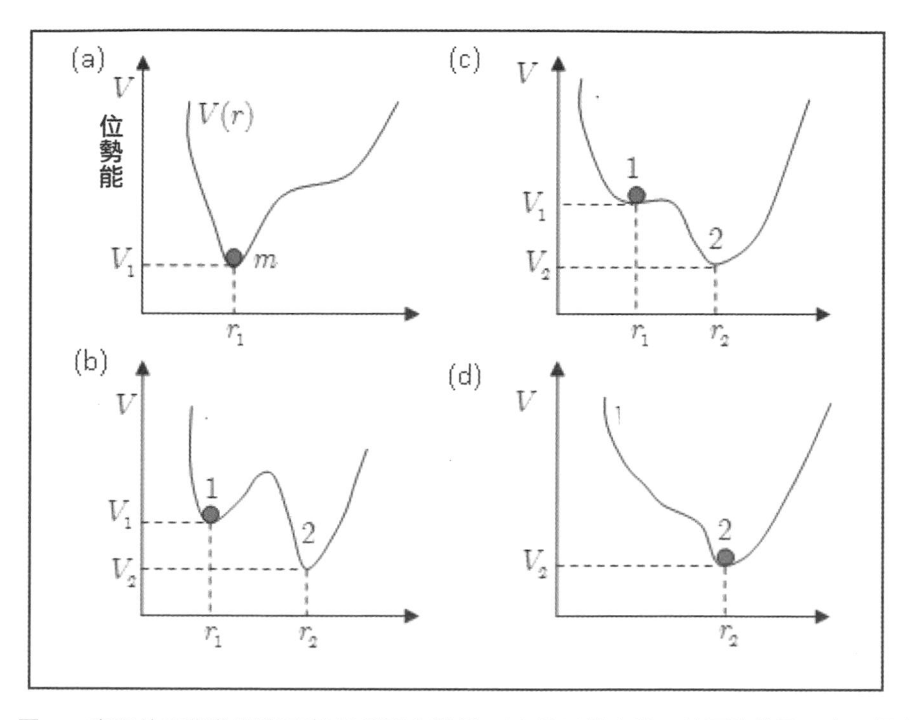

圖 8.2 麥稈的平衡位置與麥株重量間之關係。(a) 是正常麥稈，其平衡位置只有一個在垂直向上的位置 (r_1)。(b) 是受到閃電曝光後的異常麥稈，其平衡位置除了 r_1 之外，還有一個是傾倒向下的位置 (r_2)，但由於麥稈重量 W1 還未達臨界重量 Wc，所以麥稈仍可挺住，保持在垂直向上的位置 1。(c) 是麥稈剛好成長到達臨界重量 Wc，只要有輕微的擾動，麥稈位置即瞬間由 1 移動 2(下垂的位置)。(d) 是麥稈重量已超過臨界重量 Wc 的情形，此時麥稈只有一個在 2 的平衡，即傾倒向下的位置 (r_2)。

《遽變論》(Catastrophe) 是 1970 年代法國數學家 R. 湯姆 (Rene Thom) 提出的專門用於處理不連續現象的數學理論。它運用拓樸學，奇點理論和結構穩定性等數學工具研究自然界各種形態、結構的突然變化；英文「Catastrophe」有災難性突然變化之意。諸如市場的崩潰、戰爭的爆發、地震的發生以及狗在發怒和害怕兩種心理矛盾作用下，突然的進攻或逃跑的行為等等，都是遽變的實例。

非線性系統可以同時存在多個平衡態，這種多重平衡態的存在使得非線性系統會呈現「遽變」的行為，它是非線性系統在不同平衡態之間的突然躍遷行為。現以麥稈從直立狀態突然變化成下垂狀態的例子來說明遽變的內在機制。

在圖 8.2 之中，小球代表麥稈的位置，圖中曲線代表麥稈的位勢能隨位置的變化情形，位勢能的最低點極為麥稈的穩定平衡位置。子圖 (a) 代表正常麥稈的情形，其位勢能 V 只有一個最低點 V_1，說明正常麥稈只有一個平衡態（即垂直向上）的存在，因此不會有遽變現象的發生。子圖 (b) 對應到還未成長到臨界重量的異常麥稈，其位勢能有二個最低點，相對於平衡狀態 1（垂直向上）和平衡狀態 2（傾倒向下）。由於麥稈重量 W_1 還未達臨界重量 Wc，所以麥稈仍可挺住，保持在垂直向上的狀態 1。當小麥成長到重量剛好等於臨界重量 Wc

時，我們來到子圖(c)，此時平衡位置 1 所在的位勢能凹陷完全被填平，位置 1 已不再是平衡位置，此時只要有輕微的擾動，麥稈位置即瞬間由 1 移動 2(傾倒下垂的位置)，這就是所謂的遽變，也就是目擊者所看到的麥田圈瞬間形成的奇景。

如果小麥再繼續成長到重量大於臨界重量 ***Wc*** 時，其位勢能曲線就變成子圖(d)，此時位勢能 ***V*** 只有一個最低點 2，它是對應到傾倒向下的位置(r_2)。 也就是對於異常麥稈而言(數星期前受到閃電曝光者)，當麥株成長到超過臨界重量時，其莖節強度已無法支撐自身的重量，此時傾倒垂下的狀態才是其最穩定的狀態。從《遽變論》來看，麥田圈的瞬間形成表現了麥稈從「垂直向上」的穩定態突然變遷到「傾倒向下」穩定態的不連續變化，而操控這一不連續變化的內在因子正是麥株的重量。

麥田圈

具有前世記憶

不是所有的麥田圈都是由閃電所造成，因為由閃電所造成的麥田圈必須是軸對稱的，也就是它必須有一個圓對稱中心，這個對稱中心就是當初閃電與地面的接觸點，而圓形範圍是閃電所產生的熱空氣柱的膨脹範圍。閃電所造成的麥田圈也可以是多軸對稱的，這是由同一系列中的多次相鄰閃電所造成，而每一次閃電都有其對稱圓與對稱中心。譬如圖 16.3 中的麥田圈就是屬於雙軸對稱型，是由連續的二次閃電所造成。由閃電所造成的麥田圈有三種非常獨特的特徵：(1) 圖案會隨時間進化，(2) 小麥收割後，農地上仍有殘留記憶，(3) 圖案受到地下管線的影響。這三樣特徵有助於區別人造的麥田圈與閃電造的麥田圈。本單元介紹前二項特徵，第三項留待下一單元討論。

・麥田圈圖案會隨時間變化

前面提到麥梗的倒伏是受到閃電的電磁波照射，因此麥田圈的圖樣反映了閃電發生時，電磁波的瞬間分布情形。電磁波強度以閃電的中心為最強，再向四面八方遞減；而同一系列的數次閃電，其強度也依序遞減。電磁波照射在麥田上，造成麥苗細胞的缺陷，使其麥梗關節處形成螺旋狀的扭曲組織。此扭曲組織限制了麥稈所能支撐的最大重量。照射的電磁波強度越強，麥梗關節的扭曲越厲害，而麥稈所能支撐的最大重量也就越小。

麥苗在成長的過程中，隨著麥株重量的增加，最先發生倒伏的麥株是被最強電磁波照射到的那一群；然後隨著麥株重量的持續成長，那一群被次強電磁波照射到的麥株也跟著無法支撐而傾倒。依此類推，隨著時間的進展，麥田中發生倒伏的麥株將越來越多。也就是說，由閃電所造成的麥田圈的圖案，應該是隨時間而進化；同一片麥田中，越後期浮現圖案的區域，代表當初所受到的電磁波越弱，麥稈的強度較不受影響，故可以支撐較重的麥株重量，直到小麥成長的後期才發生倒伏。

圖 9.1 的上、下二圖提供了麥田圈會隨時間進化的具體案例。上圖拍攝於 1998 年 6 月 21 日，地點是在美國華盛頓州的 Eltopia 地區。圖中出現 9 個麥田圈，以及它們之間的連結線。下圖是三個星期之後，同一地點所拍攝到的麥田

圖 9.1 對同一處麥田（美國華盛頓州的 Eltopia 地區），間隔三星期所拍攝到的二張麥田圈圖案對照組，說明由閃電所引起的麥株倒伏區域，會隨時間的進展而逐漸擴大，而麥田圈的規律性也逐漸消失。圖片來源：http://www. bltresearch.com/otherfacts.php#stems。

圖案。我們發現除了當初的 9 個麥田圈之外，麥株倒伏的區域在三個星期之內，向四周大量擴展，幾乎佔了整個麥田的一半面積，而且圖案逐漸失去原先的規律性。反之，如果是人為造出來的麥田圈，其圖案從出現到麥田收割都維持不變，自始至終保持一樣的清晰度與規律性。會隨時間進化的麥田圈才是活的，才是大自然——閃電的傑作。

‧ 麥田圈圖案會有殘留記憶

這是一個非常震撼的發現：麥田圈竟然具有前世的記憶。也就是去年的麥田經過收割後，土也重新被犁過，麥田圈的圖案早就不見了；但是相同的耕地，今年再播種麥仔，重新成長的麥株竟然呈現去年模糊的麥田圈圖案，而且就出現在去年麥田圈的原來位置。難道麥田圈圖案真的具有前一年的殘留記憶？

其實不是麥田圈圖案具有殘留記憶，而是造成去年麥田圈圖案的影響力還未完全消失。我們回想一下，麥稈的倒伏是由閃電的電磁波照射所引起，然而電磁波不僅照射在農作物上，也滲透到土壤中。尤其是靠近閃電中心的區域，強烈

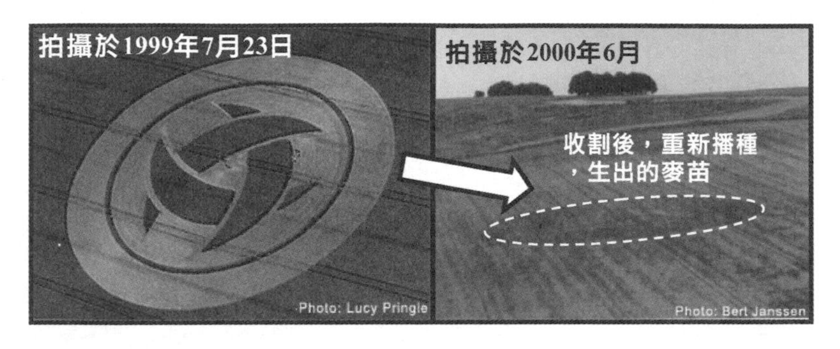

圖 9.2 相隔一年的二張照片顯示出麥田圈具有殘留記憶。左邊是收割前的麥田圈，地點在英格蘭的 Barbury Castle 古蹟附近。右圖是麥田圈收割後，犁地並重新播種，隔年初夏所長出的新麥苗。虛線圓內麥苗成長的差異性顯示出前一年麥田圈圖案的遺跡。圖片來源：http://www.bltresearch.com /otherfacts.php#stems。

電磁波所感應的電流曾經深入到土壤中，瞬間的離子化效應改變了土壤的化學性質。這使得閃電鄰近區域的土壤與其他區域的土壤有所不同，所以當麥仔重新播種時，生長在去年發生閃電區域上的麥苗，自然與其他區域生長的麥苗有所不同。

一個真實的案例呈現在圖 9.2 中。其中的左圖拍攝於 1999 年 7 月 23 日，地點在英格蘭的 Barbury Castle 古蹟附近，該圖顯示出三輪弦月交錯環抱的麥田圈圖案。在 1999 年的秋天，該麥田收割完畢，沒了小麥，自然麥田圈圖案也隨之消失。隔年，也就是 2000 年的春天，該耕地重新犁過，並重新播種麥仔，然而後續麥苗的生長情形卻呈現出區域性的差異。圖 9.2 的右圖拍攝於 2000 年的初夏，地點與左圖相同。右圖白色虛線圓所框住的區域就是左圖麥田圈的所在地，但兩圖拍攝的時間相差將近一年。從右圖中可以看到，虛線圓內的麥苗，與其他區域的麥苗比起來，其顏色較深。顯示出前一年出現麥田圈的土壤，隔一年後仍然持續影響著新麥苗的成長。

麥田圈圖案是
地底結構的反映

閃電所發射出的電磁波涵蓋各個波段，其中高頻部分的電磁波還會滲透到地底下，碰到地底下的障礙物後，再反射回地面。所以麥田圈不僅記錄了入射的電磁波，有時也會記錄到反射的電磁波。這樣的機制和探地雷達發射雷達波，以探勘地底下障礙物的原理完全相同。

特徵	人造探地雷達（GPR）	天然探地雷達（閃電）
波段	微波頻段(Hz)	極低頻～超高頻
功率	$1 \sim 10^3$ 瓦	$10^6 \sim 10^{10}$ 瓦
波形	連續波或脈衝波	單一脈衝
探測深度	公尺級	公里級
回波接受器	天線	農作物
成像	回波強度與相位分布圖	麥稈傾倒所成圖案

探地雷達(Ground Penetrating Radar)簡稱 GPR，又稱地質雷達，是用雷達波來確定地下介質分佈的一種方法。雷達波的頻率範圍為 300MHz ～ 300GHz，波長則介於 1 米到 1 毫米(0.001 米)之間，所跨越的電磁波波段涵蓋遠紅外線、微

波與無線電短波，但主要落在微波的範圍。探地雷達的運作方法是通過發射天線向地下發射高頻電磁波，再經由接收天線接收反射回地面的電磁波（參考圖 10.1）。電磁波在地下傳播時，若遇到介電常數[1]不同的介質邊界，會發生反射。因此根據接收到電磁波的波形、振幅強度和時間的變化特徵，可以推斷地下介質的空間位置、結構、形態和埋藏深度。

例如我們可以使用探地雷達偵測水壩的壩體有無漏水的情形。當水壩於某處漏水時，滲透的水流會使滲漏部位或浸潤線以下介質的相對介電常數增加，而與未發生滲漏部位介質的相對介質常數產生了差異性。於是當入射雷達波碰到滲漏部位時，就會發生反射。依據反射波在雷達剖面圖上的特徵影像，即可以推斷發生滲漏的空間位置、範圍和埋藏深度。

由於雷達波對物體的電磁特性（介電常數）敏感，因此探地雷達的主要用途在於探測地面下不可見的被測物的結構

1. 介質在外加電場時會產生感應電荷而削弱電場。在相同的電場中，介質中的電容率與真空中的電容率的比值即為相對介電常數 (permittivity)，又稱相對電容率，以表示。如果有高介電常數的材料放在電場中，場的強度會在電介質內有可觀的下降。介電常數（又稱電容率），以 ε 表示，其中稱為真空絕對介電常數。

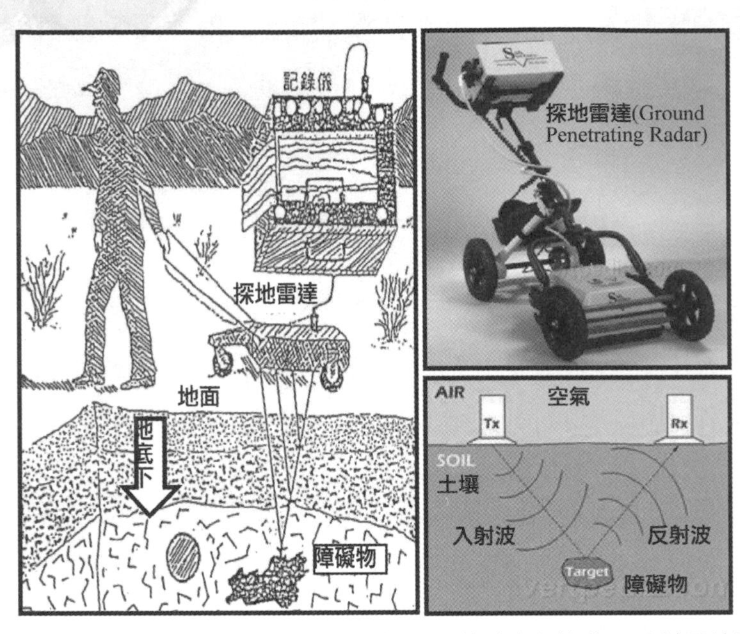

圖 10.1 閃電所發射的電磁波滲透進入地底下，碰到障礙物後，反射回地面被麥苗所吸收，從而產生反映地底結構的麥田圈。這樣的機制和探地雷達發射雷達波，以探勘地底下障礙物的原理完全相同。右圖來源：http://www. zhongzhiyunji.com/idea/introduce/02950666e0a37433。左圖來源：http://www. twce.org.tw/info/ 技師報 /407-3-1.htm。

組成、內部缺陷等。例如在市政建設中，可採用探地雷達查明地下管線（如水管、煤氣管等）的分佈；探地雷達也可用於高速公路、機場跑道、鐵路路基、橋樑、隧道及大壩等混凝土製程的品質驗收和日常維護，藉以偵測混凝土結構中的孔洞、剝離層和裂縫等缺陷損傷的位置和範圍。

閃電所發射出的電磁波涵蓋很廣的範圍，雷達波段只是其中一部分。雷達波既然可以勘查地底結構，閃電的電磁波自然也具有類似的功能。但是兩者還是有不同之處，探地雷達具有接收天線可以收到雷達的回波，然而閃電的電磁波碰到地底的障礙物後，並沒有天線去接收它的回波。這是因為我們不曉得天線要擺在哪裡——到目前為止我們仍無法預先知道閃電會在何時何地發生。閃電的電磁波強度是探地雷達電磁波強度的百萬倍以上，相對於探地雷達只可以偵測百公尺以內的地底深度，閃電可以滲入的地底深度將是公里級的。所以如果我們可以獲得閃電的回波資訊，將可據以分析非常深層的地底結構。

閃電	入射波形成的麥田圖案	反射波形成的麥田圖案
背景呈現	閃電觸地剎那的電磁波分布	反映地底障礙物的分布
幾何特徵	以圓為基本單位具有對稱性	沒有規律依障礙物形狀
電波強度	強	弱
成像時間	快	慢

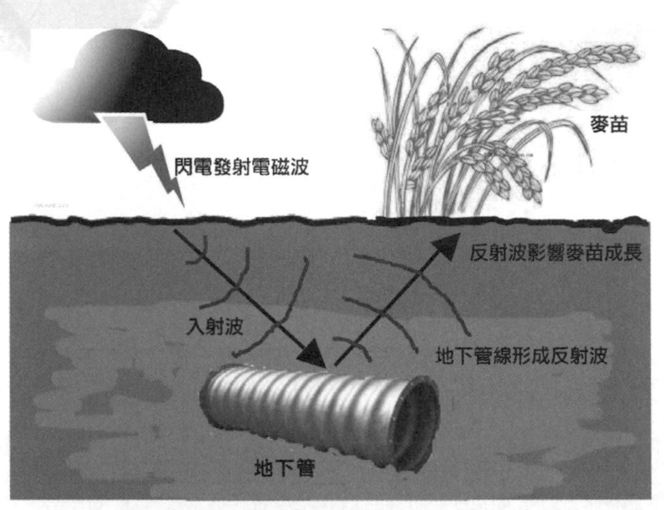

圖 10.2 閃電所發射的電磁波滲透進入地底下，碰到障礙物後，反射回地面被麥苗所吸收，從而產生反映地底結構的麥田圈。由於反射波比入射波弱許多，其所造成的麥田圈圖案較不明顯，不是每一次都可觀察到。

雖然閃電的地底回波一閃即逝，我們無緣接收到，但是它仍然在自然界中留下了蛛絲馬跡。當閃電打入地底的電磁波碰到障礙物，被反射回到地面上時，會再度照射到地面上的農作物，干擾到作物的生長。閃電的入射波因為非常強烈，直接照射在小麥上，會使得麥稈彎曲，其機制我們已在前面有所討論；至於閃電的反射波，因為在地底下輾轉傳播，強度經過層層衰減，回到地面上後，其強度已比入射波弱許多，不一定都會造成植物成長的缺陷，所以閃電回波所形成的麥田圖案較不明顯，也不易被察覺（參考圖 10.2）。

閃電反射波所形成的麥田圖案與閃電入射波所形成的麥田圖案兩者有明顯的不同。一般所謂的麥田「圈」所指的是閃電入射波所形成的麥田圖案，因為它具有圓的對稱性，反映出電磁波以閃電為中心，向四面八方傳播的全方位特性。

閃電反射波所形成的麥田圖案則不一定是圓，它所反映的是地底障礙物的形狀與分布。障礙物的形狀不同，所反映出來的麥田圖案自然也不同，所以沒有統一的規律性。閃電所發射的電磁波在地底傳播時，其強度有一部分已被地底物質吸收，所以經由地底反射的電磁波比原先的入射波弱許多。弱的反射波對麥稈彎曲的效應也較弱，這會延遲麥田圖案出現的時間，甚至在麥田收割前，都不會有麥田圈出現。

在同一片麥田中，有可能依序出現閃電入射波和反射波所各自產生的麥田圖案。較晚出現的麥田圖案，且不具幾何對稱性者，可以判斷是由閃電反射波所產生。圖 10.3 顯示二張兼具閃電入射波和反射波所產生的麥田圖案，三張都拍

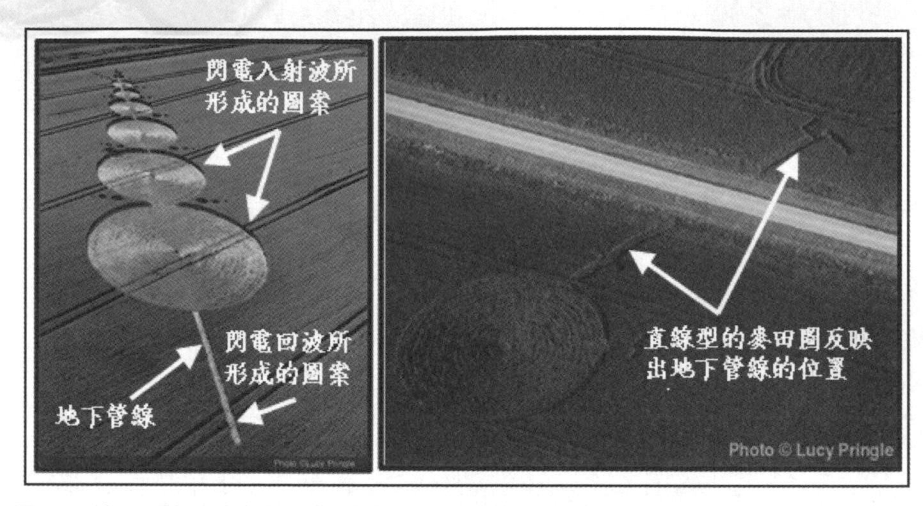

圖 10.3 這二張麥田圖案顯示出在圓形的麥田圈之外，還有一些突兀的直線條。這些直線條是閃電的電磁波滲透到地底時，被地下管線反射所造成，所以直線麥紋正下方就是地下管線所埋設的位置。左圖拍攝於 East Field, 2005 年，右圖拍攝於 Winterbourne Bassett，1998 年。圖片來源：http://www. lucypringle.co.uk/photos/2005/uk2005bs.shtml#pic2。

攝於英格蘭南部的 Wiltshire[2] 地區 。圖 10.3 的左圖顯示一系列的閃電（多次回返閃擊）入射波所造成的麥田圖案，每一次閃電對應到一個圓，隨著閃電強度的遞減，而形成一系列由大排到小的圓。

除了一系列的圓之外，圖 10.3 的左圖還出現一條串接

2. 英國南部的威爾特郡（Wiltshire）是麥田圈最喜歡拜訪的地區，這一地區具有白堊（主要成分是碳酸鈣）地質特徵，這樣的地質被認為具有「能量線」，並擁有神秘的歷史。威爾特郡有眾多史前遺跡，也是報導中 UFO 目擊事件最多的地區。

這些圓的直線。這條線也是因為麥稈傾倒所形成的紋路，但卻無法用閃電的直接照射來解釋，因為閃電對地是點接觸，然後擴散為圓，而不是以一整條線接觸地面。線條型麥紋是屬於閃電反射波所形成的麥田圖案，是閃電的電磁波滲透到地底時，被地下管線反射回到地面，然後再照射到麥田上，所以直線麥紋的正下方應該就是地下管線所埋設的位置。這個反射機制就和探地雷達的運作原理完全一樣，只是探地雷達用天線接收反射波，而閃電是透過農作物接收反射波。當然農作物不像天線那靈敏，太弱的反射波對農作物沒有影響，無法造成麥苗的傾斜。

圖 10.3 的右圖顯示一個單純的麥田圈，很明顯它是由單次閃電的入射電磁波所造成。與圓連接的直線則是由閃電的反射波所造成，比較特別的是這條麥稈傾倒線竟然跨越馬路，一直延伸到路的另外一邊，好像是超自然或是人為的惡作劇。這一特殊現象如果用閃電的探地雷達功能來解釋，就實在沒有甚麼奇怪之處了。根本的原因是有一條地下管線在馬路下方通過，連接了馬路兩側的麥田。從地面上看不到此一地下

管線，但是閃電所發出的電磁波就好像探地雷達一般，使得管線無所遁形，管線的反射波照射在麥田上，造成麥稈沿著反射波方向傾倒，進而揭露了地下管線的位置。

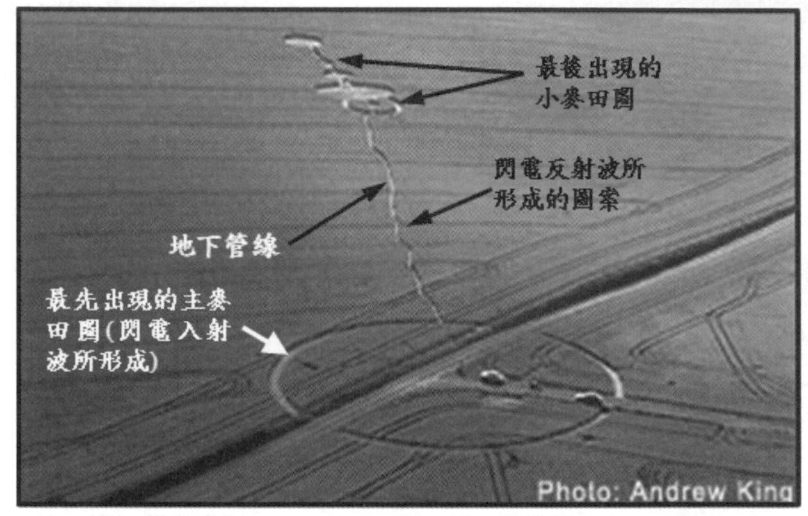

圖 10.4 這一麥田圈出現在 Overton Road 的一個 T 字形路口（West Overton，Wiltshire (UK)，1993 年）。圖案包含三部分：大麥田圈、長條麥紋、小麥田圈，依先後順序，分別出現在不同的時間點。圖片來源：http://www. bltresearch.com/otherfacts.php#growth。

要證實直線型的麥田圖案是地底管線所反射，還需要一個關鍵證據，那就是直線型的麥田圖案（由反射波所造成者）的出現時間一定比圓形的圖案（由入射波所造成者）的出現時間晚。這一事實的認證需要對一處麥田圈做連續數星期的監控。剛好在 West Overton, Wiltshire (UK) 的一處麥田圈（參考圖 10.4），其形成過程被目擊者做了完整的長期紀錄，有助於判定直線型麥田圖案出現的時間點。這一麥田圈出現在 Overton Road 的一個 T 字形路口，時間在 1993 年，如圖 10.4 所示，但裡面的圖案不是全部出現在同一個時間點。最先出現的是環繞 T 形路口的那個麥田圈，此大圓圈是當初閃電發生時，空氣柱膨脹的最大範圍，也是閃電電磁波產生建設性與破壞性干涉的範圍，其中心點剛好位於 T 形路的交叉路口，以致電磁波所產生的麥田圖案被 T 形路截成三段。

幾個星期後，大麥田圈的旁邊出現了一條蜿蜒的長條狀麥田圖案。再隔一天，目擊者又發現長條狀圖案的末端出現幾個小的麥田圈。有趣的是，當目擊者來到其中一個剛出現的小麥田圈時，原本圓心附近的麥稈還是直挺的，卻就在目擊者的注視下，麥身突然發生扭旋，而瞬間傾倒。

圖 10.4 的整個麥田圖案不是一次成型，它是歷經多次的閃電回返閃擊，圖案的部分是因電磁波直接照射而起，部分則是因反射波的照射而起。此麥田圖案的形成過程依出現

的先後順序，可區分成三個時期：

(1) **先期的大麥田圈**：這是閃電的首發回返閃擊所造成，電磁波強度最強，且因直接照射在麥田上，使麥稈發生扭旋的力道最強，也最先使得麥稈傾倒，形成最早出現的麥田圈。

(2) **中期的長條形麥紋**：這是後續幾次的回返閃擊所造成，其電磁波強度不若首發那麼強，而且因為閃電沒有直接接觸地面或是離地面較高，無法形成點對焦的圓形麥田圈。但是所產生的電磁波仍然具有大面積的輻射作用，部分並滲透進入地底，產生類似探地雷達的效果。圖中的長條型麥紋即是由地下管線反射的電磁波所造成，因為強度弱了許多，所以麥稈傾倒的時間比第一階段的大賣田圈晚了幾星期。

(3) **後期的小麥田圈**： 這是最後 1、2 次的回返閃擊所造成，電磁波強度最弱，所以麥稈傾倒的時間最晚；同時因為其接觸到地面，而能產生圓形感應電場，及相對應的圓形麥田圈。

人造麥田圈

超自然產業

自然界的力量不管是氣旋、閃電或其他來源，其所能造成的麥田圈圖案都很單純，並遵守一定的簡單規則；然而由於各種環境因素不一定能剛好配合，自然力量所生成的麥田圈免不了有瑕疵，無法呈現完美的幾何特性乃是必然的結果。自有文獻記載以來，人們對於田園上這種特殊圖案的反應，從開始的敬畏與好奇，歷經模仿，到近來的創作；不管在哪一階段，麥田圈從來都是真實麥田上的圈圈，所不同的是產生這些圈圈的背後力量。

- 在敬畏與好奇的階段，人們認為麥田圈的產生源自超自然的力量，將麥田圈圖案視為高高在上的神靈或高等智慧體對人類的啟示。
- 在模仿的階段，麥田圈從天上的神靈降為人間的彩蝶，人們親近它、複製它，這時麥田上處處有彩蝶，這是人的力量在主導麥田圈。
- 在創作的階段，麥田圈猶如音樂、繪畫與雕刻，是藝術家心靈世界的一種外在投射。為了精準詮釋心靈世界，藝術家們需要各種工具的協助去製作麥田圈，這階段是科技的力量在主導麥田圈。

早期的人造麥田圈源自對自然麥田圈的模仿，都是簡單圓形的組合。隨著製作麥田圈的技術逐漸進步，麥田圈圖案越來越複雜，已經遠遠超過自然生成的圖案。 2000 年後出現的麥田圈更開始有了立體的設計；由簡至繁的演變，高科技不斷加入的結果，使得人造麥田圈脫離偽造自然麥田圈的陰影，而開創出人工智慧麥田圈的新園地。

1990 年前的人造麥田圈只能默默模仿自然存在的麥田圈，不敢對外宣揚，怕壞了麥田圈的神秘性。如以時間推算，人造麥田圈的發展與 1960 年代末盛行於英美的地景藝術（或稱大地藝術，Land Art、Earth Art）相銜接。地景藝術，是一種大尺度、以環境為畫布的藝術手法，藉以表達出藝術家對環境的觀感。人造麥田圈的圖案也算是地景藝術的表現手法之一。為什麼會選擇麥田？因為麥田多是平坦地，有寬闊的面積和良好的視野，便於進行「藝術創作」，而且這些「作品」完成以後，以其明顯而強烈的視覺衝擊，很容易被人們發現。

地景藝術的選地，如果是山地、丘陵、水田、高棵作物地等等，由於地勢和植物本身生長狀況不一致等因素，以致於不能形成一個整體的平面。反之，麥田中的麥子種植密度大，棵株整齊，再加之麥田地多選擇在地勢平坦處，整個麥田就像一塊天然的大畫布，所以麥田地是地景藝術的最佳選擇。

圖 11.1 於 1991 年 9 月，道格· 鮑爾（Doug Bower）和大衛· 柯利（Dave Chorley）公開宣佈許多麥田圈是他們做的，並當場表演製作方法。圖片來源：http:// www.ufo.lv/rus/news/ufolats/2012/index.php?51499。

麥田圈製作者的最初動機也許就是希望透過它的神秘性讓人們相信 UFO 與外星人的存在，然而簡單的圖形易被歸類為是自然現象所為，之後他們才在後續的作品中增加了直線與眼形與其他變化，用來凸顯麥田圈的超自然特性。到了 1990 年，英國幾乎每週都有新的麥田圈出現，最高時一週出現 75 個；新聞越演越烈。1991 年 9 月，道格· 鮑爾（Doug Bower）和大衛 · 柯利（Dave Chorley）突然公開宣佈許多麥田圈是他們做的，並當場表演製作方法（如圖 11.1 所示）。這事件被稱為「道格和大衛事件」。道格與戴維的麥田圈作品還在 1992 年得到了搞笑諾貝爾獎。

道格與戴維這兩人可以被稱之為麥田圈之父，因為最早的人造麥田圈就是出自他們手中，他們從 1976 年突發奇想開始製造麥田圈，宣稱只用木板、繩子、棍子等簡單的工具，利用類似圓規畫圓的方式便製作了世界上第一個麥田圈，此後陸續又製作了約 250 個麥田圈。人造麥田圈的出現顛覆了自然學派的認知，他們很難相信原先被判定是自然產生的麥田圈，竟然有一大部分是出自道格與戴維的手中。而視麥田圈是神秘現象的超自然學派更是認為道格和大衛是受英國政府的指使，做假證以平息麥田圈引起的恐慌。

對於真假麥田圈的爭議，英國各鄉鎮政府，不但不積極追查真相，還樂得以此事件宣傳麥田圈的神秘性，大賺觀光錢。在道格和大衛二人公開自首之後，一度有不少莊園主人要求他們賠償，因為麥田圈的製作壓壞了部分農作物造成損失，但莊園主人們萬萬沒想到麥田圈所帶來的後續觀光利潤竟遠遠超過農作物的損失。1996 年在巨石陣附近出現的麥田圈，當地的農民設立攤位，並對這些遠道慕名而來的觀光客收取費用。在四個星期內就收了 3 萬英鎊，約合新台幣 140 多萬元。而當時製作那個麥田圈的農作物損失也才台幣 7000 多元。

根據統計，2009 年光是在英國的威爾特郡，每年從 4 月份到 9 月份，頻頻出現的麥田圈就已為當地帶來數百萬英鎊的旅遊收入。周邊獲利包含：

- 每個攤位販賣印有麥田圈的衣服、飾品、紀念圖章、圖片、書籍、DVD 光碟等等之收入。

圖 11.2 觀光人潮湧入美國加州的一處麥田圈，為當地帶來可觀的旅遊收入。圖片來源：http://news.sina.com.cn/s/2003-07-04/10271277386.shtml。

- 帶動當地觀光產業，導遊、門票、交通運輸、住宿、餐飲、休閒娛樂種種產業都蒙受其利。
- 政府各項稅收。

可以說牽涉到麥田圈的每個環節都有獲利，皆大歡喜！而 2011 年 8 月份的新聞報導提到，英國靠各麥田圈炒熱的旅遊熱點，每年的總收入是 14 億美元，約合新台幣 420 億元。

麥田圈的高觀光價值使得農民與麥田圈製造者變成是利益共同體。有的農民甚至花費金錢聘請麥田圈製造公司來設計製造，然後規劃自己的利益管道。麥田圈製造者一方面接受客戶委託設計製造，一方面與書籍出版商合作，出書發行全球，創造個人知名度；然後至世界各地收費演講、上電視節目、發行 DVD 光碟講解外星智慧遺留給人類的訊息。

不過一旦麥田圈失去神秘感時，可想而知就不會有人千里迢迢跑去現場看了。為了持續帶動這種「超自然產業」的經濟發展，保持神秘感是不可缺少的基本元素。所以在人造麥田圈公開後，部分麥田圈製作者依然潛藏於暗中，製造讓媒體與 UFO 支持者趨之若鶩的證據，以持續保持麥田圈的神秘性。而另一部分則開始以藝術家自居，公開的讓人們欣賞自己的作品，以另一種方式將人造麥田圈繼續流傳下去。

目前國外有多家麥田圈藝術者所組成的「跨國公司」，專門接受客戶委託製造複雜的麥田圈。例如 2004 年在英國威爾特郡出現的 200 英尺長的凱蒂貓，還有其他百事可樂、Nike 運動鞋、三菱等等圖樣的麥田圈都是出自這些公司的傑作。

自從道格與戴維自曝了自己的作品後，不少原本在暗中的麥田圈製作者也開始了公開活動。約翰 ‧ 倫德伯格（John Lundberg）就是以製作麥田圈為業的藝術家中最著名的一位。

圖 11.3 於 2001 年在英國 Milk Hill 出現的六旋式大型麥田圈，麥田圈藝術家 John Lundberg 已聲明為自己的創作。圖片來源：http://www.circlemakers.org。

早在「道格和大衛事件」之前，倫德伯格就已偷偷地製作麥田圈。早期的作品相當粗糙，隨著逐漸掌握了竅門，製作越來越精緻，到了令人嘆為觀止的境地。2001 年在英國 Milk Hill 出現的六旋式大型麥田圈（參考圖 11.3），就是倫德伯格的創作品。這是精心設計過的圖案，其複雜度遠超過天然麥

圖 11.4 製作麥田圈的步驟 :(a) 在方格紙上繪製好設計圖，(b) 準備製作麥田圈的木板，(c) 丈量現場尺寸，做好標記，(d) 開始現場製作，每位隊員拉著繩子踩踏，(e) 製作完成的麥田圈。圖片來源：http://www.circlemakers.org。

田圈，當然也更賞心悅目。倫德伯格常為媒體展示製作麥田圈的過程，也常製作神秘的麥田圈愚弄科學家。他建立了一個網站（www.circlemakers.org）介紹麥田圈藝術，收集自己和別人的麥田圈圖案，還教大家製作方法。

按照約翰· 倫德伯格所展示的方法，花三、四個小時，就可以製作出一個簡單的大型麥田圈。其方法與步驟摘要如下；

- 在方格紙上繪製好設計圖，並為每個轉折點以及圓心標註座標。（參考圖 11.4a）
- 準備製作麥田圈的木板：4 英尺長、2 英尺寬，每塊木板兩端有孔，讓繩索穿過兩端形成圈套。不同木板尺寸的組合造就了複雜編織的圖案。（參考圖 11.4b）
- 丈量現場尺寸，比對設計圖，計算出兩者間之放大比例（即設計圖的比例尺刻度）。找出設計圖上每個轉折點所對應的現場位置，並做好標記（參考圖 11.4c）。
- 開始現場製作，每位隊員拉著繩子踩踏，一腳踩在木板上，邊踩邊施壓在麥子上，所到之處的小麥被壓平，麥田的形

狀就這樣隨著設計的形狀悄悄發生改變。(參考圖 11.4d)

- 拉著細繩與圓心保持固定的距離，就可逐漸形成一個圓圈。對於非圓形所構成的複雜圖案，製作者會利用木棍與細線製作矩形的邊界，再用木板順著邊界製作圖形。
- 少數超大型的麥田圈無法在黑夜中悄悄完成，製作者會與莊園主人溝通取得同意，以使用燈光與耕耘機正大光明的開工。

圖 11.5 2008 年英國 BBC 舉辦了麥田圈設計比賽，史上第一個冠軍出爐，Robert Evans 的設計圖得到冠軍，他的團隊花了一個晚上將驚人的麥田圈做出來。圖片來源：http://www.bbc.co.uk/wiltshire/moonraking/gyo_crop_circle_full_scale.shtml

2008年英國BBC舉辦了麥田圈設計比賽，史上第一個冠軍出爐，Robert Evans 的設計圖得到冠軍，他的團隊花了一個晚上將驚人的麥田圈做出來（參考圖 11.5）。另有團體應邀在五小時內，壓製出非常龐大複雜的麥田圈圖案，並在國家地理頻道的「奇聞大揭祕」系列節目中播過。

人工智慧麥田圈
高科技的介入

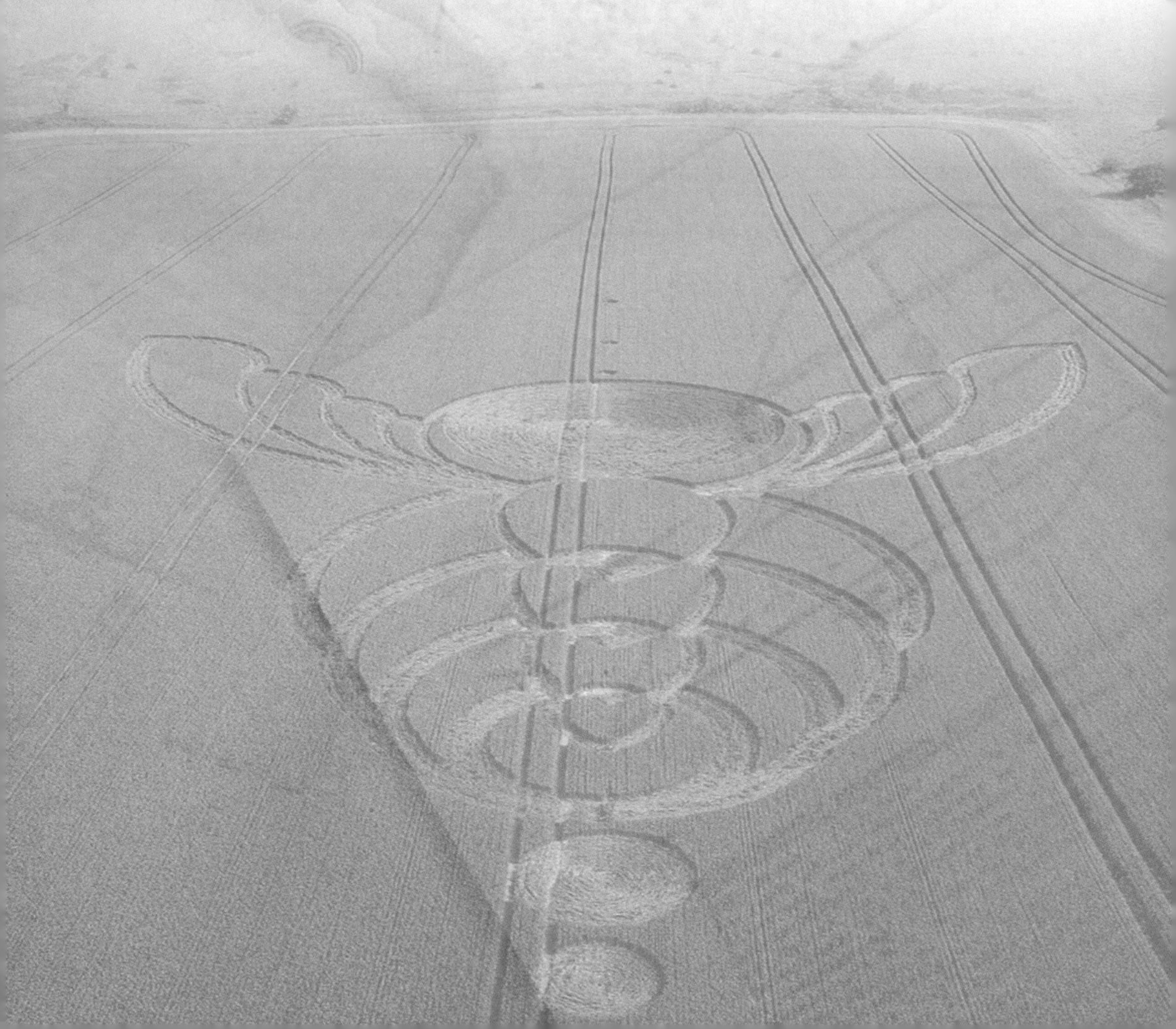

由於越來越多高科技的介入，使得一般民眾甚至專家經常誤認麥田圈所具有的高等人工智慧就是外星智慧。許多影片與相片想試著證明麥田圈是 UFO 所為，但詳細調查後發現都是人工合成的作品[1]。許多自稱麥田圈專家的人士，試著辨別出人造與真實麥田圈的不同，然而他們所判定是真實的麥田圈卻往往是出自人類手中。其實這不能責怪麥田圈專家看走眼，高科技一旦介入麥田圈的製作，除非也是採用高科技的鑑定儀器，否則單憑肉眼實在很難斷定它是否為人工造假的麥田圈。

我們認為地球現階段一定存在超自然現象，這是因為人類科技的發展還只是在起步的階段，地球上還存在著許多我們所不知道的自然現象，也就是所謂的「超自然」現象。但是我們要了解「超自然」現象本質上仍然是自然現象，只是它超越了目前科學知識可以理解的範圍。所以隨著科學的進步，一些超自然現象會慢慢被破解、被解讀，而逐漸化成自然現象。

1. 人工合成的作品其中較有名的合成影片 http://www.youtube.com/watch?v=n9IwmRSpvDg

麥田圈的形成在幾百年前也許是超自然現象，但隨著科學的進展，它已經逐漸被破解，甚至被複製。也就是說，麥田圈要被當作是超自然現象的門檻已經越來越高了，所受到的質疑與挑戰也越來越多。對於麥稈的倒伏，目前科學的分析已經進入分子生物學的尺度，了解到微觀細胞的異常如何造成巨觀的麥稈倒伏現象。科學的分析同時發現麥稈經過特殊波段電磁波的照射後，也會產生類似的倒伏現象。

也就是說，目前我們已經無法單從巨觀的麥稈倒伏現象去分辨何者為自然麥田圈（閃電所引起），何者為人工智慧麥田圈（由電磁波所引起），何者為超自然麥田圈（由外星人或其他高等智慧生物所引起）。超自然現象的支持者必須從細胞的分子層級上，去證明麥梗細胞的異常發育不是源自電磁波的照射或其他高科技的手段，而是源自其他未知的原因。所謂道高一尺，魔高一丈，當高科技複製麥田圈的功力越來越高時，超自然現象的支持者必須運用更高科技的鑑定技術找出以高科技複製出來的麥田圈的瑕疵，並且提出超自然麥田圈所應具有的分子細胞學特徵，而不是僅就外觀做分辨。

利用木板踩踏形成麥田圈是純人工的做法，是用外力的壓制使得麥稈彎折傾倒，不僅費時費力，同時傷害了麥稈。麥田圈的製作者如果一直停留在這種以純人力施工的方式，麥田圈的神秘性遲早會消失。麥田圈的神秘性主要表現在二大特徵：(1)瞬間形成，(2)自發性的傾倒。當然用人力施工的麥田圈無法達到此二項要求，但是要滿足此二項要求，也不見得要有甚麼超自然的神祕力量。天然形成的麥田圈就自動具備這二項特徵。前面我們曾經介紹過，由閃電照射過後的麥田如何在隔了數星期之後，「瞬間」且「自發性」傾倒形成麥田圈圖案。

人工智慧麥田圈就是去學習自然麥田圈的形成機制，再以科學方法實現「瞬間性」與「自發性」二大特徵。以下各單元介紹實現人工智慧麥田圈可能用到的三種科學工具：雷射激光、磁控微波、超音波。

雷射雕刻麥田圈

如果將閃電對麥田的照射改成用雷射對麥田的照射，則天然麥田圈就變成人工智慧麥田圈，而且仍然保有天然麥田圈的二大特徵：「瞬間性」與「自發性」。這相當於是將麥田圈視為人們利用雷射光學所進行的一種藝術創作[1]。其方法是將事先做好的圖案模片，裝在一個雷射激光發射器的前端，然後整個放在飛機上，如圖 13.1 所示。從飛機上發出之雷射光通過此模片後，再投影到麥田上。陰影部分的麥田代表雷射光被模片擋住，所以麥子沒有受到雷射的干擾，可以正常成長。反之，明亮部分的麥田直接受到雷射光的照射，造成麥體內細胞代謝作用的異常，埋下日後倒伏的病因。

所以圖案模片決定了雷射光在麥田上的照射區域，從而決定了麥稈倒伏的區域，亦即形成了與圖案模片一模一樣的麥田圈圖案。從雷射光的照射到麥稈的倒伏這中間的時間差，取決於雷射光的強度。強烈的雷射光可讓麥稈立即枯萎傾倒，雖然馬上完成麥田圈圖案，沒有時間差，但同時也對

1.2012 年 4 月 26 日新華網報導，大陸刑警學院首席教授、痕跡考古學家趙成文教授，針對麥田圈現象的特點，從痕跡學角度提出麥田圈不過是人們利用光學的一種「藝術創作」。

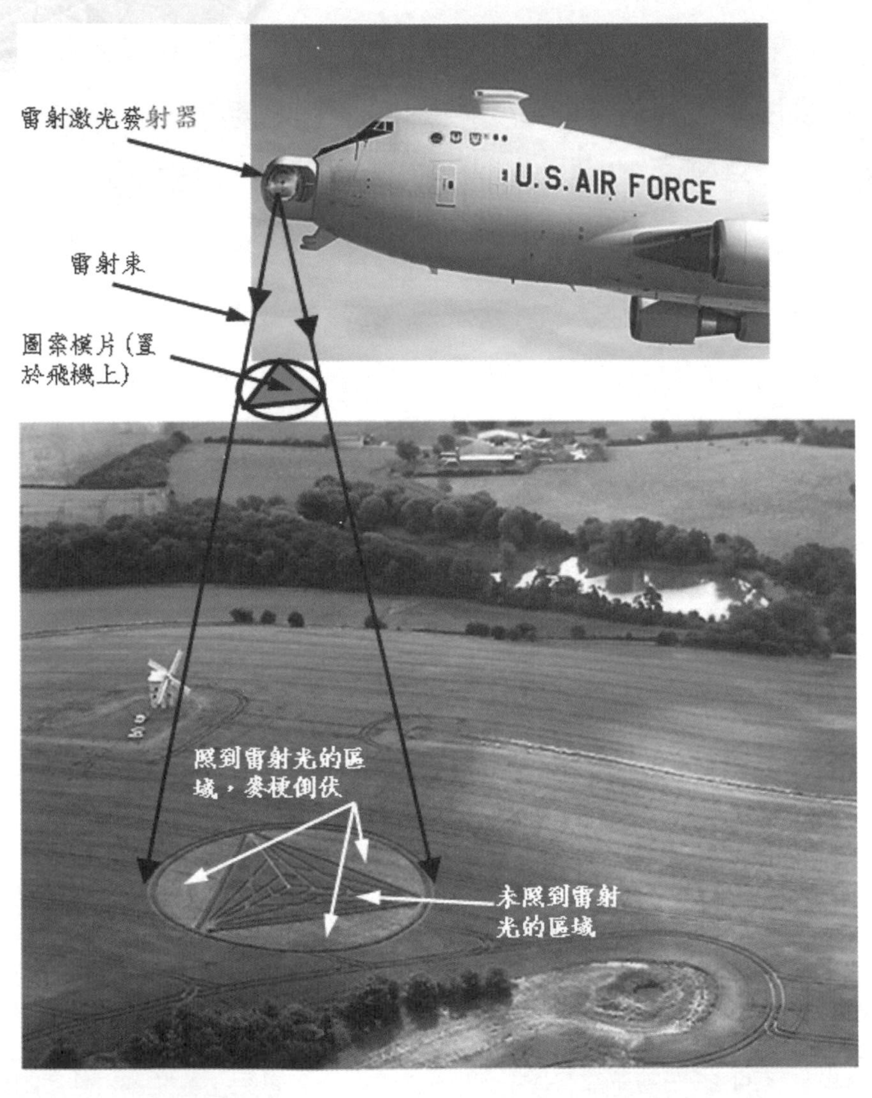

圖 13.1 上圖為美國所研發的雷射激光武器。從飛機上發出之雷射光通過模片後，再投影到麥田上。

曝光的麥稈造成毀壞。較弱的雷射光僅造成麥體細胞代謝作用的異常，但仍可繼續成長發育，直到麥體重量超過某一極限值時，才會出現巨觀的麥稈倒伏現象。因此從弱雷射光的照射到麥稈的倒伏，時間的間隔較長，有效淡化了此二事件的關聯性，同時也增加了麥田圈形成的神秘性。

為什麼要用雷射光照射麥田才能形成麥田圈？用其他光照射不可以嗎？為了回答這個問題，我們需對雷射原理有一基本的認識。雷射（或稱激光）這個名詞的全名是「由受激輻射所引起之光放大」(Light Amplification by Stimulated Emission of Radiation，縮寫為 LASER）。雷射具有下列卓越的光學特性：

- 單色性極好，幾乎為頻率相同之單色光(monochromatic)，如圖 13.2 所示。
- 具有同調性(coherent)，也就是完全相同的相位(如圖 13.3 之左圖)。在一般的發光體中，電子釋放光子的動作是隨機的，所釋放出的光，其相位和頻率並不固定，例如鎢絲燈所發出的光。

- 發散度極小，雷射光幾乎完全不會散開。從地球發射這樣的光束，傳播到阿波羅 11 號（Apollo 11）探險隊留置在月球上的鏡子，距離大約超過 75 萬公里，再反射回來的光束寬度仍然夠窄而足以被偵測到。利用其他方法產生的光束都會嚴重的散開而無法達成。
- 高能量密度，可以將能量集中在非常小的區域，其單位面積所照射的能量比起任何其他的方法產生的光束都強得多。一個發光的物體如果要得到和雷射相同的能量密度，

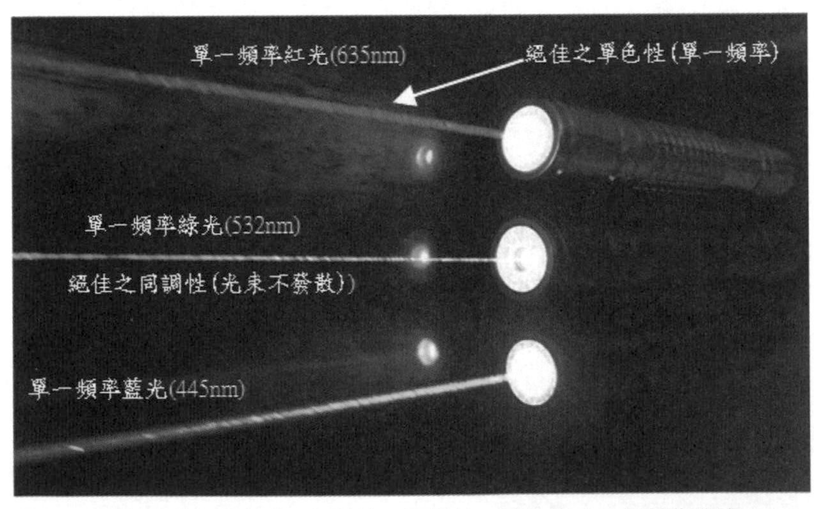

圖 13.2 雷射光的四大特色：單色性，同調性，發散度小，能量密度高。

必

須要將其加熱到溫度 1030 K。

雷射產生的關鍵在於原子內的電子能夠進入一個特別的受激態，其生命週期比一般受激態的 10^{-8} 秒來得長，也許是 10^{-3} 秒或是更長。像這樣生命週期相對較長的態稱為亞穩態 (metastable state)。電子於原子內的兩個能階之間的躍遷與光子的吸收與放射，有以下三種可能關係：

1. **受激吸收**：如果一個電子一開始在較低的能階 E_0，它可以藉由吸收一個能量為 $E_1 - E_0 = h\nu$ 的光子而躍遷到 E1 的能階，其中 h 稱為普朗克常數，ν 為光子的頻率。這樣的過程稱為受激吸收 (stimulated absorption)。

2. **自發放射**：如果一個原子一開始在較高的能階 E_1，它可以藉由釋放出一個能量為 $h\nu$ 的光子而落到 E_0 的能階，這稱之為自發放射 (spontaneous emission)。

3. **受激放射**：1917 年，愛因斯坦提出第三種可能性，稱之為受激放射 (stimulated emission)，說明一個能量為 $h\nu$ 的光子入射，可以產生由 E_1 能階落到 E_0 能階的電子遷移。在受激放射的過程中，輻射出來的光與入射光完全同相位，其結果就是一種同調增強的光束，而這就是雷射的主要特徵。愛因斯坦證明受激放射和受激吸收具有相同的機率。

愛因斯坦在提出原子的受激輻射之後，人們很長時間都在猜測這個現象可否被用來加強光場，因為前提是介質必須

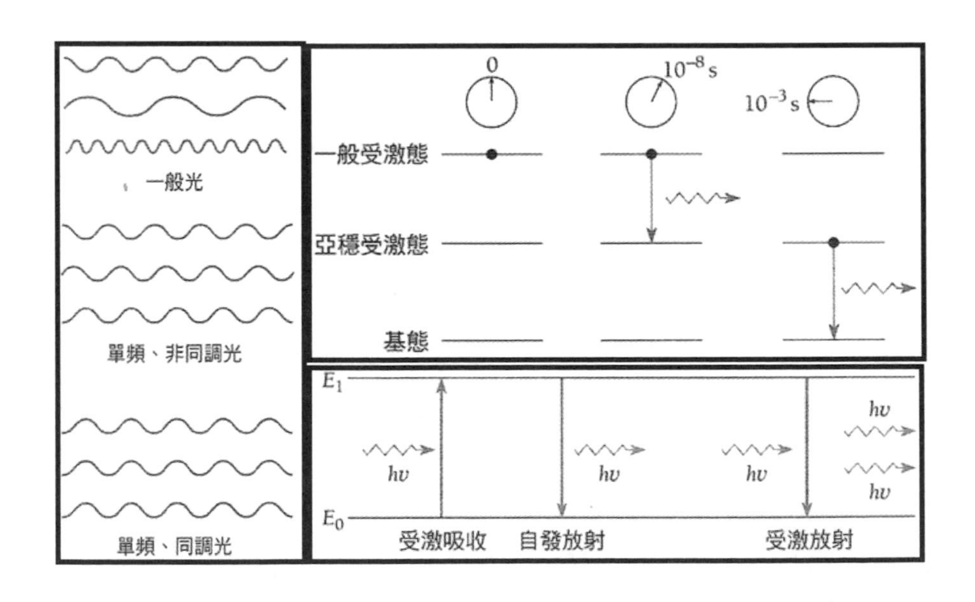

圖 13.3（左）單頻、同調光的波形特徵。（右上）電子停留在亞穩受激態與一般受激態的時間長短不同。（右下）雷射所牽涉到的三種電子躍遷機制。圖片來源：《Concept of Modern Physics》第 4.9 節，A. Beiser 著，2005 年。

存在著「居量反轉[2]」的狀態，也就是位於受激態的原子數目要大於位於基態的原子數目。在一個二階系統中，居量反轉是不可能的。能夠實現愛因斯坦受激輻射的最簡單結構是一個三階系統，稱為三階雷射。

三階雷射(three-level laser)，顧名思義就是由三個能階所組成的雷射。基態能階 E_0，亞穩態能階(E_1=hν)，和受激態能階(E_2=hν')，參考圖 13.4。在基態的原子受到光子能量 hν' 的照射後，躍遷到受激態能階 E_2。由於受激態不穩定，原子會因自發放射而落至亞穩態 E_1。原子可停留在亞穩態的時間相對長很多，所以許多原子便聚集停留在亞穩態之中。相對於基態的原子而言，此時處於亞穩態的原子比較多，此即所需要的居量反轉現象。

根據愛因斯坦所提出之受激輻射理論，此時我們只要對著處於亞穩態的原子照射頻率為 ν 的光子，則亞穩態的原子

2. 居量反轉（英語：Population Inversion），在統計力學中經常被使用。在一個系統（例如一群原子，或一群分子）中，通常處於基態（能階最低者）的成員數量大於處於激發態（能階較高者）的成員數量，此稱為正常的居量分布。居量反轉則是指處於激發狀態的成員數量多於處於基態的成員數量。居量反轉是產生雷射的先決條件。

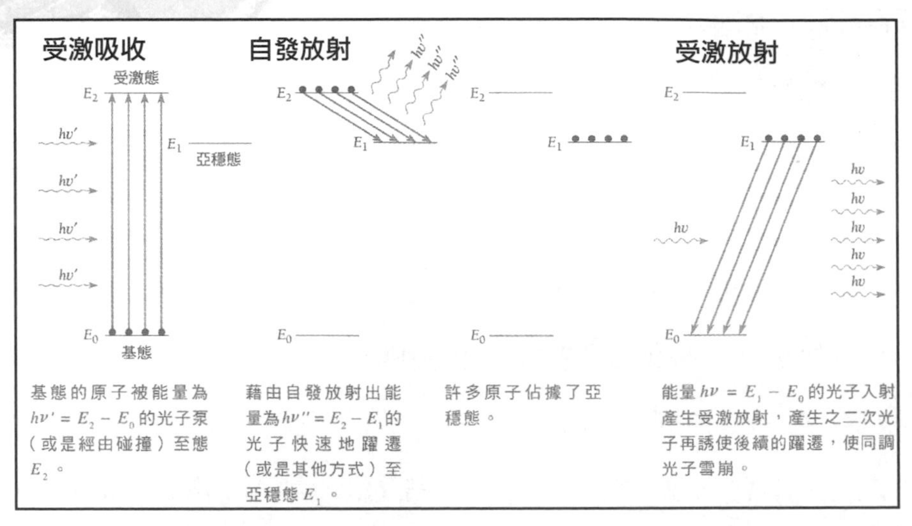

圖 13.4 雷射所經歷的三個過程：受激吸收使電子向上躍遷至受激態（居量反轉），自發放射使電子向下躍遷至亞穩態，受激發射使眾多電子在同一時間從亞穩態落至基態，而產生雷射。圖片來源：《Concept of Modern Physics》第 4.9 節，A. Beiser 著，2005 年。

將落回基態，並另外發射一個頻率為 ν 的光子，則連同原來的入射光子此時共有二個光子。這二個光子再激發二個亞穩態的原子落回基態，並同時發射另外二個頻率為 ν 的光子，此時累計產生了四個光子；此四個光子再激發四個亞穩態的原子落回基態，並同時發射另外四個頻率為 ν 的光子，故總共產生八個光子。於是光子數目由一個變二個，二個變四個，再由四個變八個，如此持續下去，其結果就是一個光子的射入，而引發大量光子的射出，此即光的放大作用。所以我們才稱雷射是一種受激輻射所引起之光放大現象。

為什麼如此產生的雷射光是單一頻率又是同步調（同相位）呢？單一頻率是因為原子都是從亞穩態 E_1 落回基態 E_0，其能階差 $\Delta E=E_1-E_0$ 都相同。根據愛因斯坦的光量子學說，原子能階的下降會伴隨光子的發射，而其公式為 $\Delta E=h\nu$，其中 ν 為光子的頻率，h 為普朗克常數，是一定值。由於能階差 ΔE 都相同，所以產生的光子頻率也都相同。

雷射光都是同步調，這是因為所有原子在同一時間由亞穩態落回基態（參考圖 13.4），故都在同一時間發射光子。亞穩態是一個相對穩定的狀態，所以許多原子聚積在亞穩態之中，不會立即落回基態。當一聲令下，即第一個頻率為 ν 的光子射入後，即啟動連鎖反應，所有原子在一瞬間放出光子，並落回基態。光子觸動時機的一致性，保證雷射光都是同步調。

1958 年，美國科學家查爾斯 ‧ 湯斯 (Charles Townes) 和阿瑟 ‧ 肖洛 (Arthur Schawlow) 以實驗證實了雷射現象。當他們將氖燈泡所發射的光照在一種稀土晶體上時，晶體的分子會發出鮮艷且始終會聚在一起的強光。根據這一現象，他們提出了「雷射原理」，即物質在受到與其分子振盪頻率相同的光子照射時，都會產生這種不發散的強光——雷射。他們為此發表了重要論文，並分別獲得 1964 年和 1981 年的諾貝爾物理學獎。

根據雷射原理，一個雷射產生器包含有三個基本元件（參考圖 13.5）：

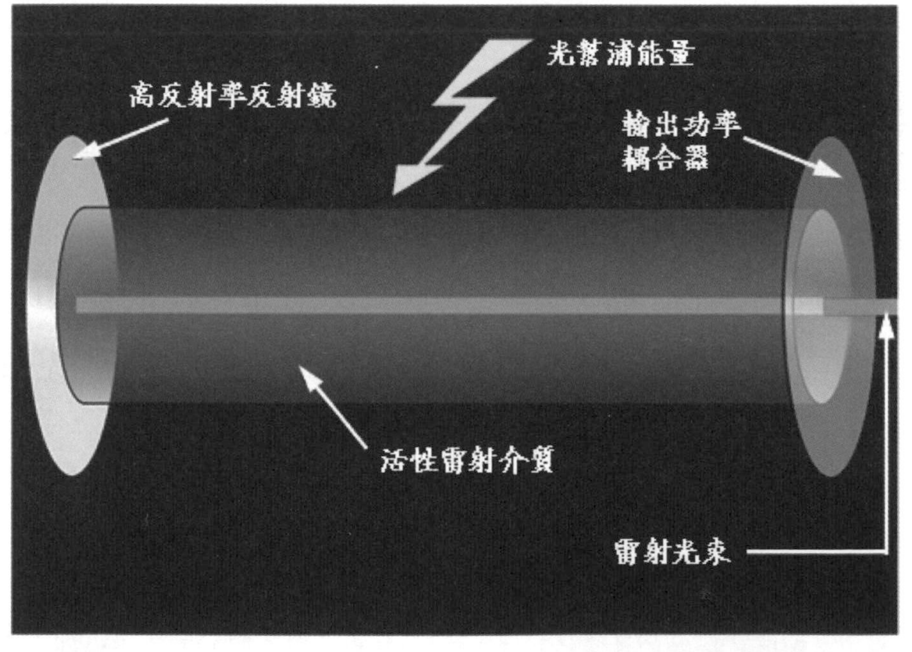

圖 13.5 雷射產生器的主要元件 1. 活性雷射介質 2. 光幫浦（泵）能量 3. 高反射率反射鏡 4. 輸出功率耦合器 5. 雷射光束。圖形取材自維基中文百科，條目：雷射。

- **激發來源(pumping source)**：又稱為光幫浦（光泵，light pump)，輸入能量給低能階的電子，將其激發躍遷到高能階。能量供給的方式有電荷放電、光子、化學作用等等。
- **增益介質(gain medium)**：此介質所提供的電子被激發並釋放出光子（雷射光束），介質的物理特性會影響所產生雷射的波長等特性。
- **共振腔(optical resonator)**：是兩面互相平行的鏡子，一面全反射，一面半反射。其作用是使得光子在反射鏡間來回反射，目的是要讓被激發的光經過增益介質多次以得到足夠的放大。當放大到可以穿透半反射鏡時，雷射便從半反射鏡發射出去。因此，此半反射鏡也被稱為輸出耦合鏡（output coupler）。兩鏡面之間的距離對輸出的雷射波長有顯著的影響，只有在兩鏡間的距離剛好等於波長的整數倍的時候，共振才會發生，才能產生雷射光輸出。

了解雷射的運作機制後，我們再回來探討如何利用雷射製作麥田圈。前面提到，其方法是將事先做好的圖案模片，裝在一個雷射激光發射器的前端，雷射光通過此模片後，在麥田上形成投影。正是因為雷射光束不易分散，且能量非常集中的特性，所以雷射光在麥田上的投影圖案能夠精確複製模片上的圖案，其結果就是被雷射照到與沒有照到的麥田反差強烈，因此麥田圈的邊緣非常齊整。反之如果採用其他的光源，當光束從飛機上投射到麥田時，將向四面八方發散，光束無法集中在模片所指定的區域，因此麥田圈圖案將變得模糊。

由於雷射光是先打在圖案模片上，透過模片光柵的阻隔篩選作用後，穿過模片的雷射光才能照射到麥田上。這過程就要求圖案模型材料具有阻光且抗高溫耐高熱的能力，所以圖案模片必須是利用耐高溫的金屬片剪刻而成。

雷射激光發射器的安裝點應選擇在直升機或飛艇上，但也並不排除利用私人小型飛機或者其他一些飛行器，前提是需要有慢速和穩定的飛行能力。原理很簡單，飛行物距離地面越高，雷射光通過圖案模片，投影到麥田的面積就越大。然而，如果飛行高度過高，雷射能量在空中傳播時的損失較大，而且又因投影面積太大，雷射能量分散，無法對麥稈產生有效的影響。相反地，如果飛行器飛太低，雖然雷射光束強且集中，但所形成的麥田圈圖案會很小。所以要製作某一指定大小的麥田圈圖案，飛行器的高度與雷射的發射功率必須要有適當的匹配。

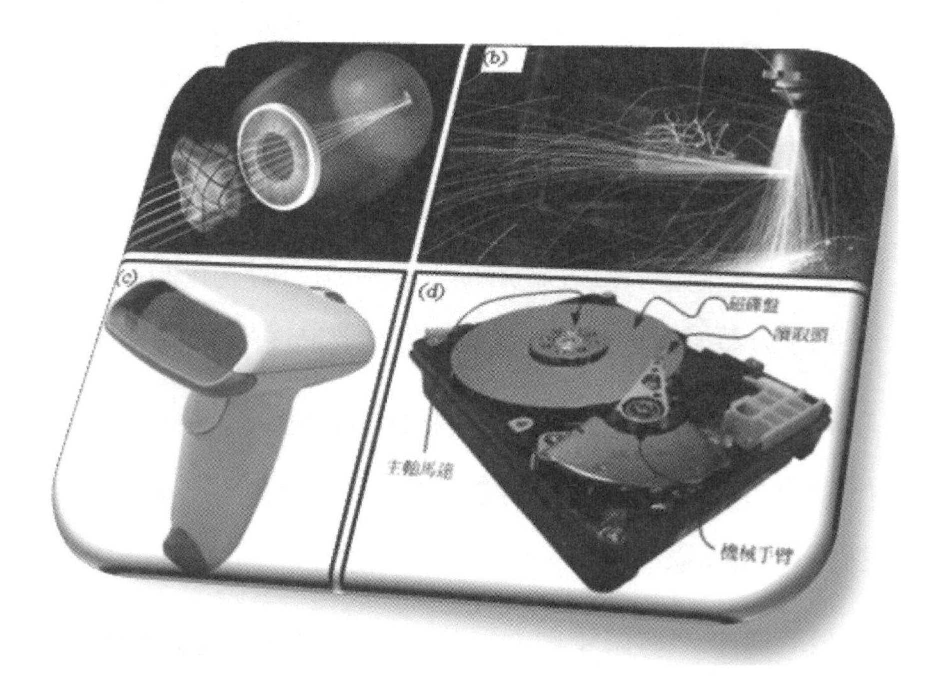

圖 13.6 雷射在日常生活中的應用 :(a) 眼球焦距校正手術用的是釹雅各雷射，(b) 各種工業材料的精密切割用的是二氧化碳氣體雷射，(c) 條碼掃描機用的是氦氖氣體雷射，(d) 光碟片讀取頭用的是半導體雷射。

利用雷射光束進行麥田圈圖案的蝕刻，只是雷射眾多應用中的一個。雷射可以在一瞬間形成一個麥田圈圖案，已經沒有甚麼神祕性，就好像神奇的雷射已經滲入到我們日常生活中的每個環節，我們早已見怪不怪，如圖 13.6 所示：

- 超級市場中用來讀取條碼 (bar code) 的窄小紅色光束就是氦氖氣體雷射。
- 釹雅各雷射 (Nd： YAG laser) 在外科手術上有很大的用處，使用的是一種摻雜釹元素的釔鋁石榴石，看起來像玻璃般透明的固體。在切割生物組織時，是利用雷射光束將欲切割部位的水分蒸發，同時將小血管封住，因而有止血的功用。
- 功率強大的二氧化碳氣體雷射 (carbon dioxide gas laser) 輸出功率可達幾千瓦，常用在工業上幾乎任何材料的精密切割，包括鋼鐵，晶片，還可用來焊接。
- 無數的微小半導體雷射 (semiconductor laser) 可以處理和傳遞大量的電腦和網路訊息。在光碟機 (compact disk player) 的應用上，半導體雷射光束聚焦成微米尺寸 (10−6m)，讀取直徑 12 cm 光碟片上的資料。

從飛機上發射雷射光來雕塑麥田圈，看似新奇，但從效益來看，猶如是用大砲打小鳥，大材小用了。雷射光的最大用處是指向太空，而不是對著地面。如前所述，雷射光可以將極高的能量集中在一個點上，傳輸很遠的距離也不會發散，所以如果將雷射光束指向太空，它可以用來對付來自遙遠外太空的威脅。地球人類最擔心的問題是世界末日是否有一天真的會到來，而導致世界末日的最大危機正是來自外太空的威脅：小行星及隕石。

小行星及巨大隕石擊中地球的機率非常小，但不代表不會發生，而且最近就剛發生過。台灣時間 2013 年 2 月 15 日上午 11 時 20 分，一顆重達 10 公噸的巨大隕石以五萬四千公里的時速劃過天際，墜落於俄羅斯中部城市車里雅賓斯克附近。隕石在 19 公里的高空發生劇烈爆炸，據證實是被俄國防空飛彈擊碎。燃燒的碎片砸向地面，爆炸的震波更震碎當地及附近城鎮的許多房屋窗戶，場景彷彿災難電影一般（參考圖 13.7）。這場意外造成約 1200 人受傷，據目擊民眾

圖 13.7 俄羅斯車里雅賓斯克州一座工廠受隕石墜落影響嚴重受損（2013 年 2 月 16 日攝）。根據最新資料，莫斯科時間 15 日早晨在車里雅賓斯克州發生的隕石墜落已造成約 1200 人受傷，主要是挫傷、骨折、割傷和腦外傷。車里雅賓斯克州眾多建築遭受不同程度的損壞。圖片來源：http://big5.ycwb.com/news /2013-02/16/content_4333275_2.htm。

形容：「就像太陽掉下來了一樣。」

更令人驚訝的是，就在隕石墜落俄羅斯的同一天，一顆長 150 英尺、重達 13 萬噸，編號 2012 DA14 的小行星，以有史以來的最近距離（1 萬 7000 英里）掠過地球。天文學專家鄂瑞（Meg Urry）表示，這 2 起天文事件在同一天發生的機率僅 1

億分之1。機率這麼小，但還是發生了，顯示人類對於來自外太空的威脅，不能還一直停留在假想的階段，必須即刻著手建立周全的全球防禦系統，否則世界末日的危機隨時會降臨。

當全球平安度過馬雅預言的2012年世界末日（12月21日），並歡慶2013年到來，準備開始全新生活之際，美國航太總署（NASA）公布了一項令人擔憂的消息。根據NASA科學家的觀測，目前正有一顆大小約140公尺、編號為「2011 AG5」的小行星朝地球直奔而來，預測在2040年2月5日最接近地球，與地球撞擊的機率為1／625。雖然撞擊機率並非百分之百，但是這項消息依然令人們相當緊張：地球已做好迎接小行星撞擊的準備了嗎？

電影《世界末日》描述了彗星撞擊地球的大災難，影星布魯斯・威利（Bruce Willis）飾演的太空英雄挺身而出，駕駛攜帶著核彈頭的太空梭，冒險降落彗星並鑽洞爆炸成功，於是在彗星撞擊地球前的最後時刻，解救了全世界。此部電影承襲了好萊塢一貫的英雄崇拜作風；但實際上，利用太空梭攜帶核彈頭，鑽洞爆破彗星的方法是非常笨拙的手段，它完全取決於太空梭能否成功登陸彗星，否則地球就毀了，沒有第二次機會。

來自史崔克萊大學(University of Strathclyde，Scotland)機械與航太學院的米蘭諾・瓦西里(Massimiliano Vasile)博士，提議建構一套反小行星防禦系統（Anti-Asteroid Defense System, AADS），參見圖13.8，而其方法是在一群人造衛星上，安裝由太陽能驅動的雷射發射器。他提交到《行星學會》(Planetary Society)雜誌上的一篇文章提到：「我們的方法是結合許多小型人造衛星，它們能夠與外來小行星伴隨飛行而且能近距離向小行星發射雷射光束。我們利用安裝有高效雷射發射器的靈活小衛星艦隊來減低外來天體對地球造成的威脅，這比起使用單一、巨大的太空梭來講，是更加可行的方法。」

這一套小行星防禦系統具有彈性擴編的功能，如果遇到比較大一些的小行星，可以即時增加一個或多個小衛星來對付。該系統還有內在的餘度設計，如果一個衛星出現故障，另外的衛星可以繼續進行下去。

太空雷射的緊急任務是要應付入侵的小行星或隕石，而

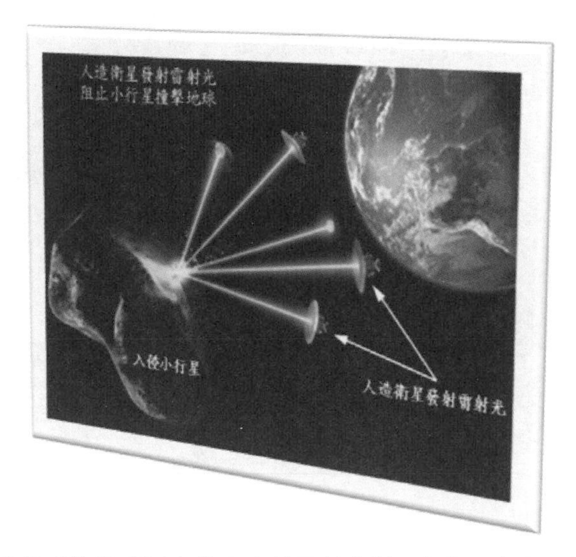

圖 13.8 小行星防禦系統是利用安裝有高效雷射發射器的靈活小衛星艦隊來減低外來天體對地球造成的威脅。圖片來源：http://big5.gmw.cn/g2b/tech.gmw.cn /2013-02/04/content_6613611.htm。

其平時任務則可用來移除太空碎片。環繞地球飛行的大量太空垃圾（包括螺栓、扳手、廢棄的火箭發動機，廢棄的人造衛星，以及其他的零零碎碎的東西）正在以驚人的速度增長，使得環繞地球的太空軌道越來越擁擠。太空雷射應該是一個最具體可行的方案來移除這些太空垃圾。在執行平時任務時，透過經常性的演練以雷射光束移除太空碎片，如此才能保證在緊急情況下，雷射系統能成功攔截入侵的小行星或隕石。

圖 13.9 美國軍方研發的高能量液態雷射防禦系統，是將輕便的 150 千瓦雷射武器，安裝在戰鬥機上。 http://www.ettoday.net/news/20120626/65263. htm#ixzz2L7 AgiYC4。

雖然小行星雷射防禦系統還只是一個構想，但以雷射做為防衛武器已是各軍事大國展現實力的手段。武器級的雷射現在已成為事實，但在實際空戰中過於笨重。美國國防部目前正在建構「高能液態雷射區域防禦系統[3]」，希望製造一種夠輕便的 150 千瓦雷射武器，安裝在戰鬥機上，運用光的速度和力量抵抗來自大氣層內外的多重威脅（參考圖 13.9）。

---

3. 原文網址：大敵當前——美反擊外星人入侵的 11 種武器，《ETtoday 國際新聞》， http://www.ettoday.net/news/20120626/65263.htm#ixzz2L7AgiYC4 。

微波爐與麥田圈

雷射激光是致命武器，拿來製作麥田圈不僅是大材小用，危險性也太高了。當然不排除有一種可能是空中雷射武器在測試的階段時，軍方拿寬闊的麥田當測試的對象，而麥田圖案即是測試後，雷射所造成影響的遺跡。不過縱使有這類的麥田圈，也是少數中之少數。

相較於雷射製作麥田圈的高成本，微波發射器則是很大眾化的麥田雕塑工具。目前有一些麥田圈製作團體已捨棄人工踩踏的方式，而是採用手持式的微波發射器沿著麥田掃描，並配合 GPS 精確的麥田座標定位功能，能夠很輕鬆又精確地製作出麥田圈。這種手持式的微波發射器實際上就是微波爐內部的主要元件——磁控管。也就是說，以微波發射讓麥稈倒伏的原理和微波爐的運作道理其實是相同的。關於這一點，先前我們已經提到，俄羅斯地質協會的斯米爾諾夫曾經做過一個實驗，他將蕎麥稈放進微波爐裡，然後加入一杯水，在600瓦的高頻輻射下，蕎麥稈都在節瘤處發生了彎曲，其形狀與麥田裡倒伏的麥稈完全一樣。基於這樣的實驗結果，自然就有人想到乾脆將微波爐拆了，只保留裡面的微波發射器（磁控管），然後拿到麥田裡，對著麥株進行微波掃描（當然要自備發電機），這樣也可以達到麥稈傾倒的效果。

近幾年出現的一些大型複雜麥田圈都呈現出微波加熱後的反應。最有名的例子是 2009 年 6 月 12 日出現於英國威爾特郡耶茨伯里的鳳凰圖案麥田圈（參考圖 14.1）。BLT 研究小組取自它的植物樣本，發現麥田圈植物內部水分因受到微波加熱而成為水蒸氣，造成麥莖內部壓力上升。上升的蒸氣聚積在麥穗種子頭下的第二和第三莖節之間，隨著壓力的增加，最後爆開成許多小孔洞，蒸氣經由小孔洞洩出。

圖 14.1 2009 年 6 月 12 日在英國威爾特郡耶茨伯里（Yatesbury, Wiltshire, England）的鳳凰結構。圖片來源：http://autumnson-nwo.blogspot.tw/2010/04/2009.html。

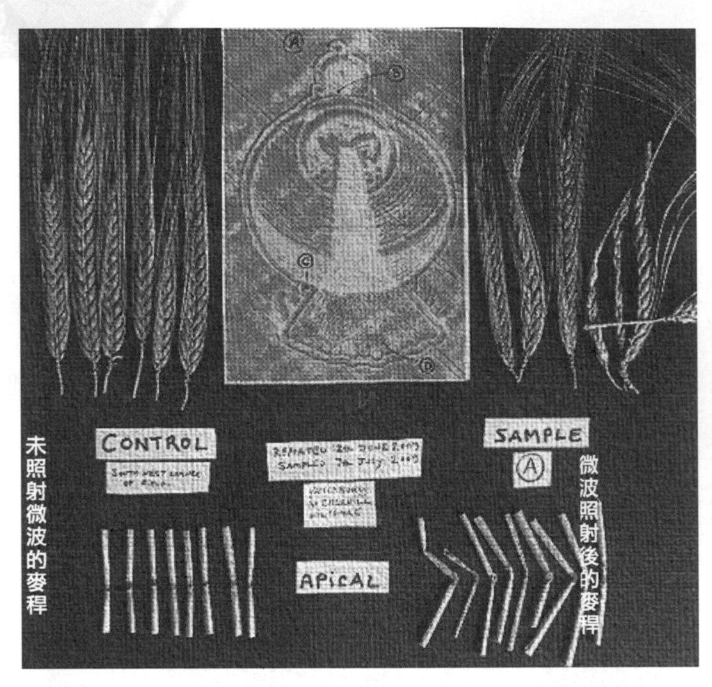

圖 14.2 取自鳳凰麥田圈的二種麥稈樣本對照組。有微波照射反應的麥稈，在其關節處，出現許多穿孔細洞，削弱了麥稈的支撐力，而被其自身重量所彎曲。圖片來源：http://。

當莖節上出現的孔洞越多時，莖節表面強度即越弱，越無法支撐自身的重量，而造成麥稈在莖節處的彎曲，如圖 14.2 所示。莖關節上出現的穿孔細洞有點類似人的膝關節老化後，由於骨質量減少，骨骼內孔隙增大，而呈現中空疏鬆的現象。若不加以治療，膝蓋即逐漸無法支撐自身的體重，那麼下場就像麥稈一般，彎曲再彎曲，最後整個倒伏了。

植物的水分被封存在莖的內部，所以當受到微波加熱時，在裡面形成的蒸氣壓力會在莖的關節處爆開。同樣的情況也發生在食物的微波加熱過程中。微波加熱會使水變成蒸氣，急速膨脹的氣體讓食物內部壓力急遽升高，因此如果在微波爐內放入整顆帶殼雞蛋、帶皮水果、食品外覆包裝袋、加蓋閉合或密封式的餐盒等，微波加熱的結果都將使得這些東西爆開。

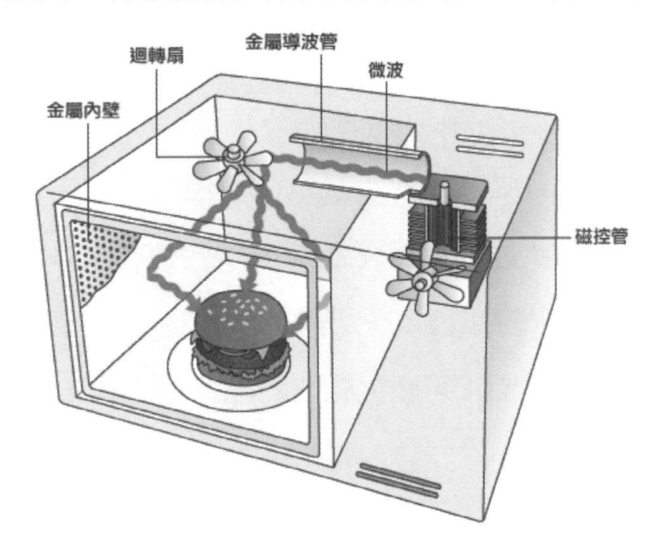

圖 14.3 微波爐內部構造。微波爐右上方的磁控管通電後會產生微波，微波透過金屬導波管傳至迴轉扇，迴轉扇將微波均勻發散到爐內金屬內壁上，並不斷反射，食物內水分子吸收微波而旋轉摩擦生熱，食物也得以加熱。取材自《科學發展》月刊，《從戰場到廚房—讓現代人又愛又怕的微波爐》，文：呂怡貞，圖：姚裕評。

微波爐的內部構造如圖 14.3 所示，右上方的磁控管通電後會產生微波，微波透過金屬導波管傳至迴轉扇，迴轉扇將微波均勻發散到爐內金屬內壁上，並不斷反射，食物內水分子吸收微波而旋轉摩擦生熱，食物也得以加熱。

磁控管是微波爐的核心構造，它在超過 4000 伏特的高壓下讓電子從加熱的陰極射出，但沒有直飛向陽極，而是在巧妙安排的磁場中不停旋轉，旋轉時再通過精密安排的金屬片，金屬片便會以特定的頻率與之共振。這樣的電磁共振再傳送到小型天線上，就可發出高功率的微波。有趣的是，當初磁控管的發明是起因於雷達技術，而不是為微波爐設計的。二次大戰期間，英國亟需改良與發展雷達技術，以搜尋德國轟炸機。為了取代易被阻擋的無線電波，藍道爾（John Randall）與布特（H. A. Boot）在 1939 年發明了可產生微波的磁控管（magnetron）裝置，這個為戰爭而誕生的磁控管，成為日後微波爐最重要的元件。

那麼微波為什麼具有加熱的效果呢？原來微波加熱是透過水分子來進行的。水分子的自然振動頻率就在微波的範圍，所以當水分子受到微波的照射時，電磁波與水分子會同

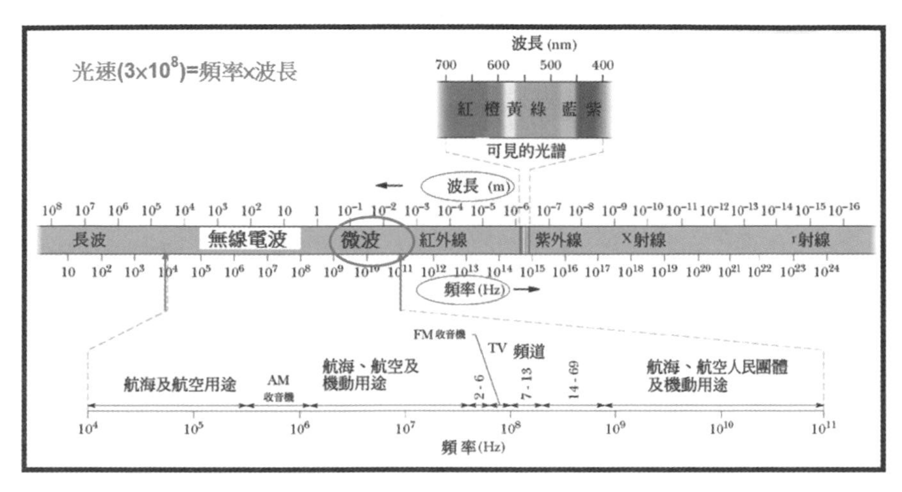

圖 14.4 微波在電磁光譜中的分布範圍。

步振動，而激起共振的反應。微波在電磁光譜中的分布範圍如圖 14.4 所示，其頻率介於 10^9Hz（1 千兆赫）到 3×10^{11}Hz（300 千兆赫）之間，相當於是波長介於 0.1 公分到 30 公分之間的電磁波。

水分子是極性分子，具有電偶極，也就是水分子的兩端分別帶有正電荷（氫原子端）和負電荷（氧原子端）。微波電場會使水分子的正電荷端指向與電場同一方向。微波爐的操作頻率在 2450MHz（2.45 千兆赫），相當於微波電場的正、負極方向每秒鐘轉換 24.5 億次，而在電場的帶動下，水分

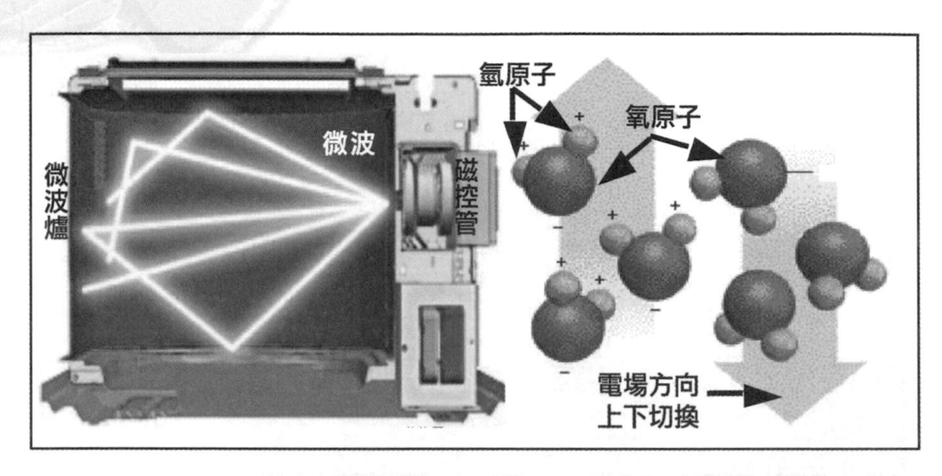

圖 14.5 微波爐頻率 2450MHz，相當於微波電場的正、負極方向每秒鐘轉換 24.5 億次，水分子也不停地隨之轉換方向。隨著水分子不斷轉向，彼此發生碰撞，相互摩擦進而產生熱量。圖片來源：http://www.pcpop.com/doc/0/438/438008. shtml。

子也同步地以這樣的超高頻率轉換方向（參考圖 14.5）。隨著水分子不斷快速轉向，彼此發生碰撞，相互摩擦進而產生熱量。由於大多數食物中（碳水化合物）含有大量的水分，水分藉由微波振動所獲得的熱量很快就傳遍整個食物。

小麥因為是碳水化合物，含有大量水分，所以能夠吸收微波造成加熱效果，使得莖節彎曲，而產生麥田圈圖案。但並非所有物質都能吸收微波，當微波接觸物質時，物質對微波的反應可分為穿透、反射、吸收三種情形。碳水化合物是屬於吸收的情形，玻璃與陶瓷則是會被微波穿透，不會吸收微波的能量，所以適合當作微波加熱時的容器。

至於金屬物體，包括鐵、鋁、不鏽鋼、錫箔紙，則是會反射微波。所以若以金屬容器裝盛食物，放入微波爐中加熱，將會發現食物還是冷的，因為金屬容器將微波阻隔在外，使食物無法被加熱。更嚴重的是金屬容器受到微波照射時，會在金屬的邊緣與尖端感應出電荷，當電荷累積過多而產生很高的電場時，周圍空氣開始游離裂解而導電，進而在微波爐內產生火花。

金屬在微波爐內造成火花的現象和閃電產生的機制完全一樣。帶負電的雲在地面上感應出正電荷，而感應電場最強的地方就在地面凸出物的尖端。當感應電場強大到使得空氣解離導電時，地面的電荷與雲間的電荷瞬間接通，而產生尖端放電，此即閃電的現象。閃電就是自然界的微波發射器，如果人造微波發射器（磁控管）可以使得麥稈倒伏，天然的微波發射器（閃電）當然也可以產生相同的效果，關於這一點我們前面已經介紹過。

宇宙級
的麥田圈

如前所述，閃電的微波輻射所引起的麥田圈圖案都是簡單的圓形組合，所以像圖 14.1 所顯示的精緻又複雜的鳳凰圖案，絕非單純的閃電效應可以反映出來。那麼鳳凰麥田圈中的微波輻射痕跡又是從哪裡來的呢？最有可能是源自手持磁控管的傑作，工作人員只要沿著 GPS 的規劃路徑，一邊走一邊拿著磁控管對著麥苗掃描，一幅鳳凰圖案即可輕易完成。

鳳凰麥田中的微波痕跡有沒有可能是來自然界本身呢？說到自然界的微波輻射，我們很難不去想到宇宙微波背景輻射。它是一種充滿整個宇宙的電磁輻射，其特徵和絕對溫度 2.7K 的黑體輻射相同，頻率屬於微波範圍。絕對溫度 2.7K 就是目前宇宙的平均溫度，也是自從宇宙大爆炸以來，宇宙溫度逐漸降低，到目前為止所剩下的餘溫。

兩位美國貝爾實驗室的工程師阿諾・彭齊亞斯（Arno Penzias）和羅伯特・威爾遜（Robert Wilson），從 1964 年以來一直尋找衛星系統的噪音源，發現了天空的各個方向上都有著一種微弱的微波輻射，它們相應於絕對溫度為 2.7 度的黑體輻射。這種輻射來自宇宙深處，各個方向上幾乎完全相同。宇宙背景輻射的發現在近代天文學上具有非常重要的意義，它給了大爆炸理論一個有力的證據，並且與類星體、脈衝星、星際有機分子一道，並稱為20世紀60年代天文學「四大發現」。彭齊亞斯和威爾遜也因發現了宇宙微波背景輻射而獲得1978年的諾貝爾物理學獎。

於是就有人聯想到，會不會是宇宙微波背景輻射造成了麥田圈圖案呢？首先我們要了解微波背景輻射的功率有多大。一般微波爐的功率是以瓦（1焦耳/秒）為單位，而微波背景輻射的功率則是在微瓦（百萬分之一瓦）等級以下，它實在太微弱了，以致雖然整個地球是在微波背景輻射的籠罩之下，但在日常生活中我們無法感知它的存在。如果它的輻射熱量可以造成麥稈彎曲的話，則所有地球上的動植物也將無法倖免於它的影響與傷害。

另一點要考量的是宇宙微波背景輻射的均勻性，它只有在宇宙大規模的結構上會呈現一些微小的差異性，以太陽系這般等級的區域來看，微波背景輻射的強度可說是完全均勻分布的。更不用講在麥田這樣小的區域中，絕對是無法顯現出微波背景輻射的差異性。但是讓我們再看一次鳳凰麥田圈，麥稈倒伏的區域是有照到微波，麥稈直立的區域是沒有照到微波，亦即微波輻射的強度在麥田中有強烈的變化，這顯然違背了宇宙微波背景輻射的均勻性質。所以基於宇宙微波背景輻射的微弱性與均勻性質，我們認為它不是麥田圈形成的主導因素。

麥田圈所反映的是小尺度的微波變化，那麼像宇宙背景微波這種大尺度的微波會是反映在哪裡呢？當然是反映在宇宙級的麥田圈。一般麥田圈的圖案顯示了傾倒麥子在麥田中的分布情形，而宇宙級的麥田圈則顯示了質量星球在真空中的分布情形。有星球分布的區域，其溫度較真空區域為高，所發射的微波頻率也較高。所以根據宇宙微波背景輻射的差異性，我們可以知道質量物質在宇宙中的分布情形。換句話說，宇宙級的麥田圈就是「星田圈」，它標示出星星在宇宙中的分布密度。

圖 15.1 顯示了三個不同時代所得到的宇宙級麥田圈圖案。第一個圖是利用彭齊亞斯和威爾遜所架設的地面天線（1965 年）所繪製的宇宙溫度分布圖，其中不同的顏色代表不同的溫度。可以看到除了一小塊區域之外，整個宇宙的溫

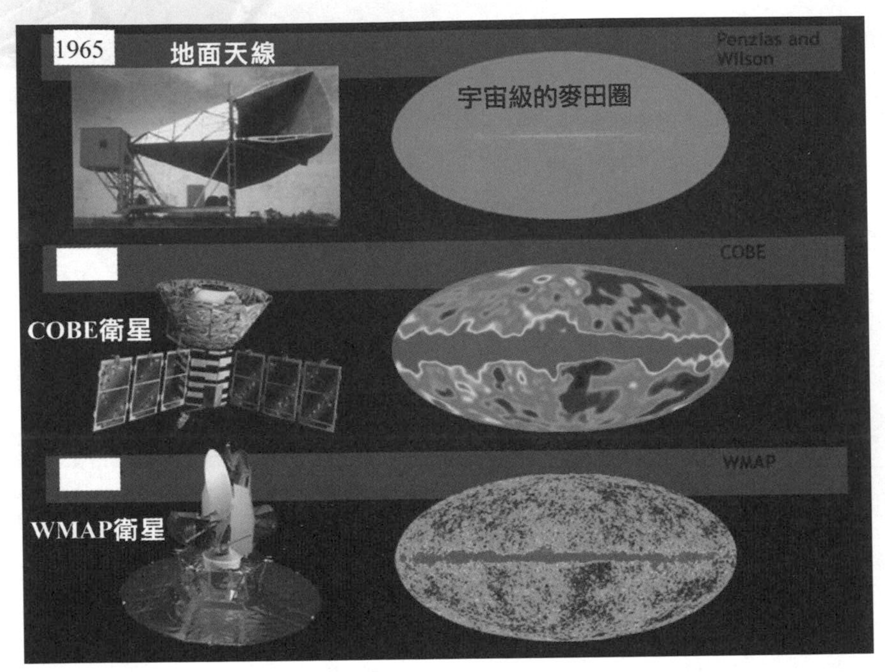

圖 15.1 宇宙級的麥田圈就是「星田圈」，它標示出質量星球在宇宙中的分布密度。有星球分布的區域，其溫度較真空區域為高，所發射的微波頻率也較高。所以根據宇宙微波背景輻射的差異性，我們可以知道質量物質在宇宙中的分布情形。圖片來源:https://zh.wikipedia.org/wiki/ 宇宙微波背景輻射。

度非常一致，其值約為 2.7K。

圖 15.1 的第二個圖是 1989 年 11 月升空的宇宙背景探測者（COBE，Cosmic Background Explorer）所測量到的結果，其精確度比 1965 的結果提升了許多，能夠鑑別出微小的溫度差異，發現宇宙各處的溫度並非完全相同，其溫度高低漲

落的幅度雖小但也達到百萬分之五。目前公認的理論認為，這個溫度漲落起源於宇宙在形成初期極小尺度上的量子漲落，它隨著宇宙的暴漲而放大到宇宙的規模上，並且正是由於溫度的漲落，造成物質宇宙物質分布的不均勻性，最終得以形成諸如星系等之大尺度結構。

圖 15.1 的第三個圖是 2003 年，美國發射的微波各向異性探測器（WMAP）對宇宙微波背景輻射在不同方向上的漲落的測量結果。此圖比 1989 年的結果更加精確，所顯示的溫度漲落不僅反映宇宙一般物質的分布，也反映了暗物質的分布。此一宇宙級麥田圖案告訴我們宇宙的組成成分中，4% 是一般物質，23% 是暗物質 ，73% 是暗能量 。

地上有麥田圈，天上有星田圈；當我們低頭查看地上的神秘圖案時，偶而也不要忘了仰頭思索天上圈圈所帶來的啟示。

麥田圈的

音波成像術

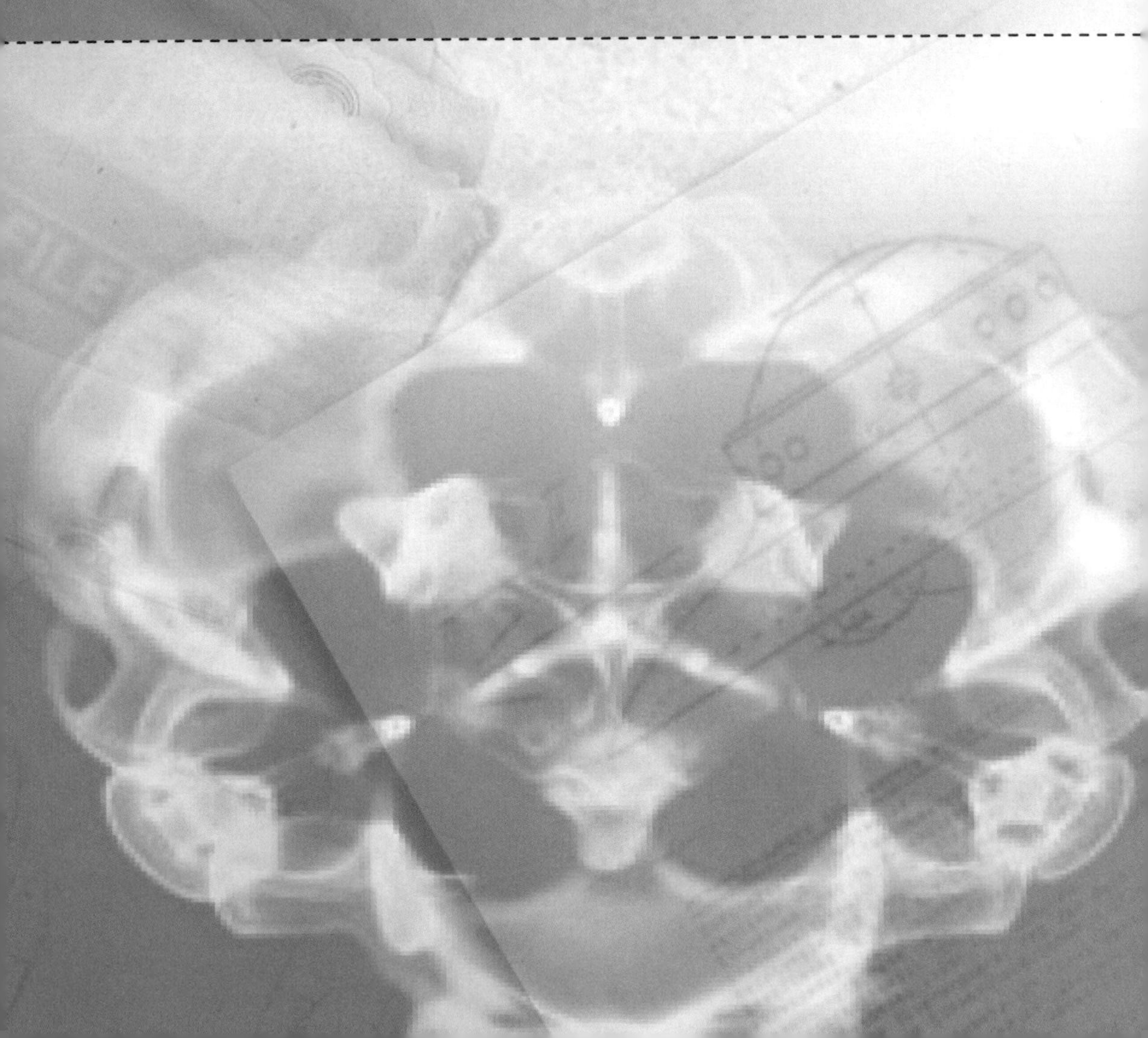

聲音是用耳朵聽，影像是用眼睛看，這是一般的常識；聲音怎麼可能變成麥田上的圖案，讓我們的眼睛可以看得到？難道又是一樁超自然現象嗎？其實將聲音形象化的問題在科學界的研究已經超過有數百年的歷史了。參考圖 16.1，音叉會發出聲音是因為它被敲擊而振動，音叉的振動又牽引周遭空氣分子跟著振動而形成聲波，聲波經由空氣的傳播才被我們聽到。所以對於圖 16.1 中左邊的音叉而言，振動是因，聲音是果；但是對於右邊的音叉而言，聲音是因，振動是果，因為它是受到左邊傳來的音波影響後，才開始振動起來。所以振動與聲音是互為因果，可相互轉換的。

幾位知名科學家像達文西(Da Vinci，1452 ～ 1519)、伽利略(Galileo Galilei，1564 ～ 1642)和虎克(Robert Hooke，1635 ～ 1703)等，他們接續研究了物體振動的方式與快慢如何決定物體發出聲音的大小與頻率的高低。物體的振動方式是視覺效果，而所發出聲音的強弱與高低則是聽覺效果，所以振動的視覺影像與振動所引起的聽覺音效之間，確實存在著某種關係。物體振動所發出的聲音，只要不是超音波(即頻率超過 20 千赫的音波），都有很好的聽覺效果，然而物體振動的方式，卻常因幅度小且速度快，視覺效果不明顯（例如音叉）。所以有關聲音視覺化的問題，長久以來未能得到完整的解答。

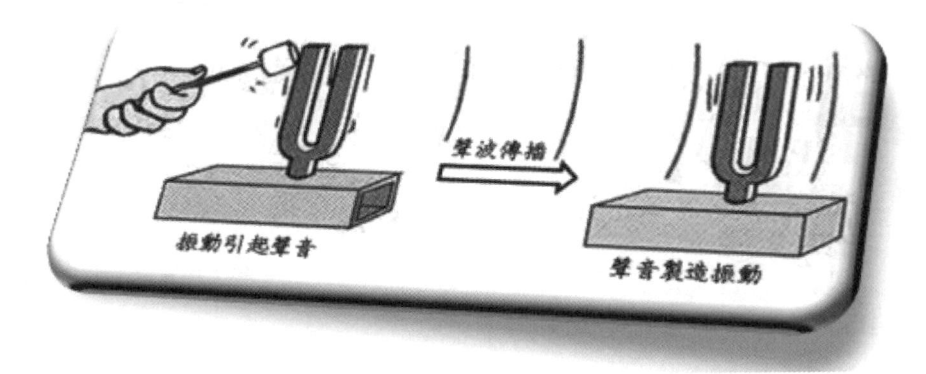

圖 16.1 振動與聲音互為因果，可相互轉換。振動是視覺效果，聲音是聽覺效果，既然聲音與振動可相互轉換，說明聲音可用震動的視覺效果加以表達。圖片來源：http://www.nani.com.tw/nani/jlearn/natu/ability/a1/3_a1_3_1.htm。

這個問題傳到克拉尼[1](Chaldni，1756～1827)的手上時，有了圓滿的答案。克拉尼是最先用數學方法分析聲波的人，他發展出一種可以視覺化二維振動的簡易技術。1787 年克拉尼改進了伽利略的金屬板振動，用小提琴弦代替銼子使金

1. 克拉尼（Chladni, Ernst Florens Friedrich）是德國物理學家，由於在聲學基礎理論的貢獻，被尊稱為「現代聲學之父」。克拉尼曾在 1809 年在拿破崙一世座前，以小提琴的弓弦代替銼刀振動金屬板演奏，並利用金屬板的振動使金屬板上的細砂排列出規則而對稱的美麗圖案，此即著名的克拉尼圖形。

屬板振動（參考圖 16.2），他觀察到細砂會停留在沒有振動產生的節線（nodal lines，節點的集合）上。不在節線上的細砂會隨著波動的振盪持續跳動，直到細砂彈跳到節線處，並停留在不會振動的節線上。若振動的平板具有均勻的密度且對稱的形狀，則當施予的波動頻率改變，共振圖案會隨之立即跟著變化，而呈現各種不同的對稱圖案。所以觀察沙的分佈就可以知道金屬板共振的模樣。

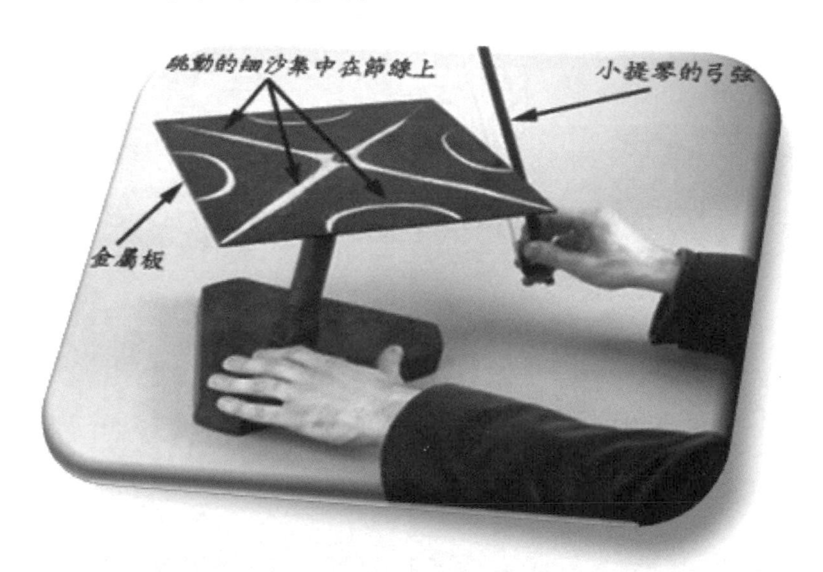

圖 16.2 克拉尼以小提琴的弓弦代替銼刀振動金屬板，並利用金屬板的振動使金屬板上的細砂排列出規則而對稱的美麗圖案，此即著名的克拉尼圖形。圖片來源：http://physeq.net/cymatics-studying-visible-sound/。

克拉尼是第一位將聲音形象化的人，從他以後，不同的方法相繼被提出。到 1970 年代，Hans Jenny 提出一種新的學域名稱，叫做《音流學》(Cymatics)，用以統稱所有關於聲音形象化(visualization of sound)的學理與技術。利用音流學的技術，我們可以將傳統的聲音資訊轉換成影像資訊。例如我們可以將海豚的聲音轉換成影像（參見圖 16.3 之左圖），再利用影像來辨識海豚各種聲音的含意，這有助於人與海豚之間的溝通。同樣的方法可應用於其他動物聲音的影像化辨識。

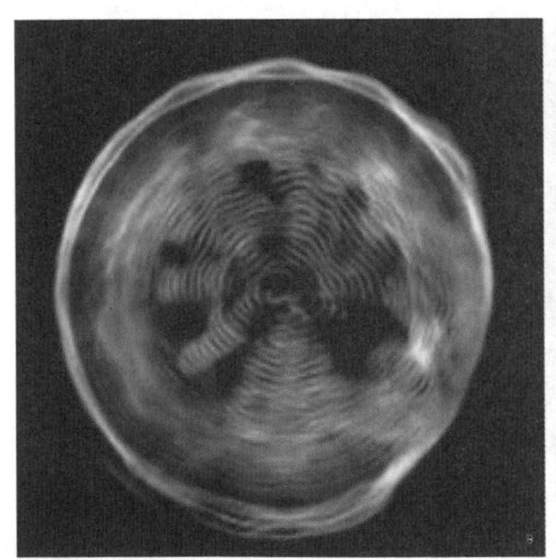
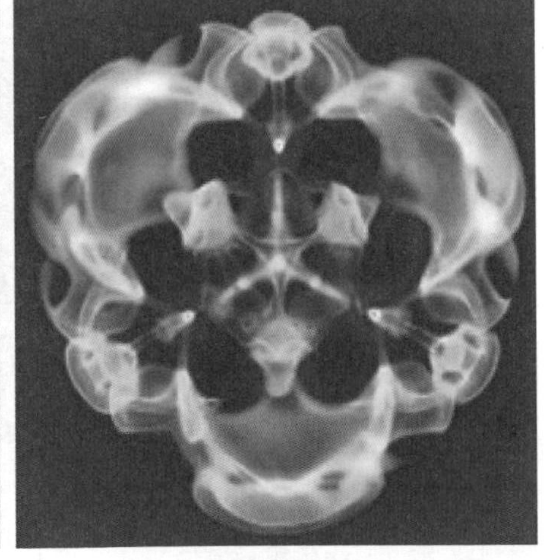

圖 16.3 利用《音流學》技術可以將聲音影像化，左圖是海豚聲納的影像，右圖是貝多芬第九交響曲轉成影像的結果。圖片來源：http://www.baike.com /wiki/ cymatics。

又例如我們可以將貝多芬的交響樂（參見圖 16.3 之右圖）或者是宗教中的各種咒語，轉換成影像檔，再透過影像分析的技術，來破解音樂及咒語中的內在能量密碼。

克拉尼利用琴弦與金屬板將聲音形像化的方法相當簡易且具有科學的啟發性，可以說是科普教育中不可欠缺的一個教學單元。在國立臺灣科學教育館中就有一個克拉尼圖形的 DIY 展示區，可讓操作者親身體會聲音形象化的過程，如圖 16.4 所示。

圖 16.4 國立臺灣科學教育館中的克拉尼圖形 DIY 展示區，可讓操作者親身體會聲音形象化的過程。圖片取自國立臺灣科學教育館物理世界學習手冊。

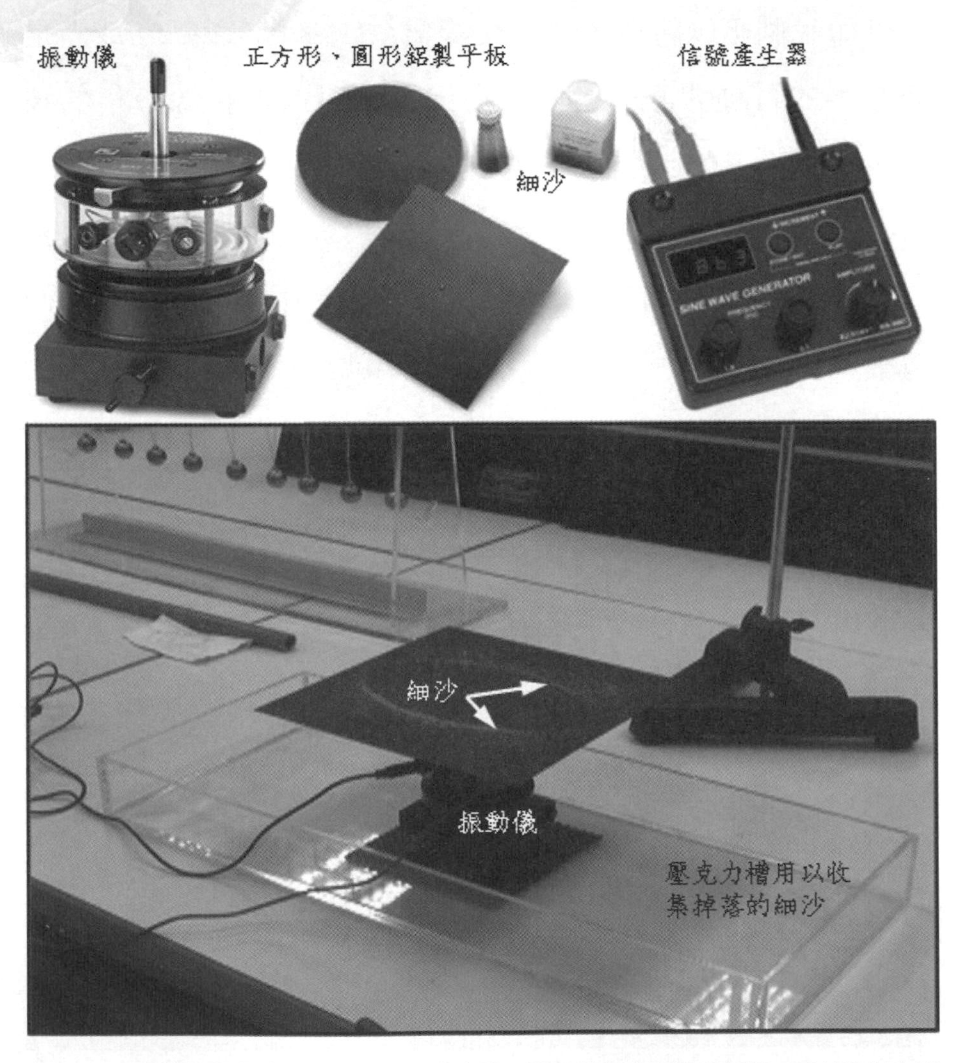

圖 16.5 產生克拉尼圖案的二維平板振動實驗，顯示其實驗配備與架構。圖片取材自國立清華大學普通物理實驗七：一維駐波與二維共振的克拉尼圖案。

操作者先將細砂均勻灑在選定的金屬板表面，然後兩手握柱琴弓的上下端，以垂直於金屬板面的方向，輕輕的摩擦金屬板的邊緣處，上下拉動琴弓。此時，觀察金屬板上細砂所產生的現象。隨著琴弦拉動快慢的不同，金屬板發出的聲音也不同，同時金屬板上的細沙圖案也隨之變化。操作者用耳朵傾聽由金屬板振動所產生的聲音性質，同時用眼睛觀察金屬板上細沙所呈現的克拉尼圖案，透過聲音與圖案的同步變化，從而親身體會到聲音視覺化的效果。

在大學一年級的普通物理實驗中，與克拉尼圖案有關的二維平板振動實驗也是一個不可欠缺的實驗單元。這個實驗相當簡單，它只動用到四個器材：(1) 振動儀，(2) 不同外形的鋁製平板，(3) 細沙，(4) 信號產生器。其中的信號產生器是用以產生不同振幅與頻率的正弦波，來驅動振動儀。透過一種香蕉型接頭，可將鋁製平板的中心點鎖在振動儀的振動臂上。再將振動儀及其上的平板整個放在一透明壓克力槽內，用以收集振動時掉落的細沙。整個實驗的元件及配置如圖 16.5 所示。細沙上下跳動的幅度與快慢，反映了細沙所

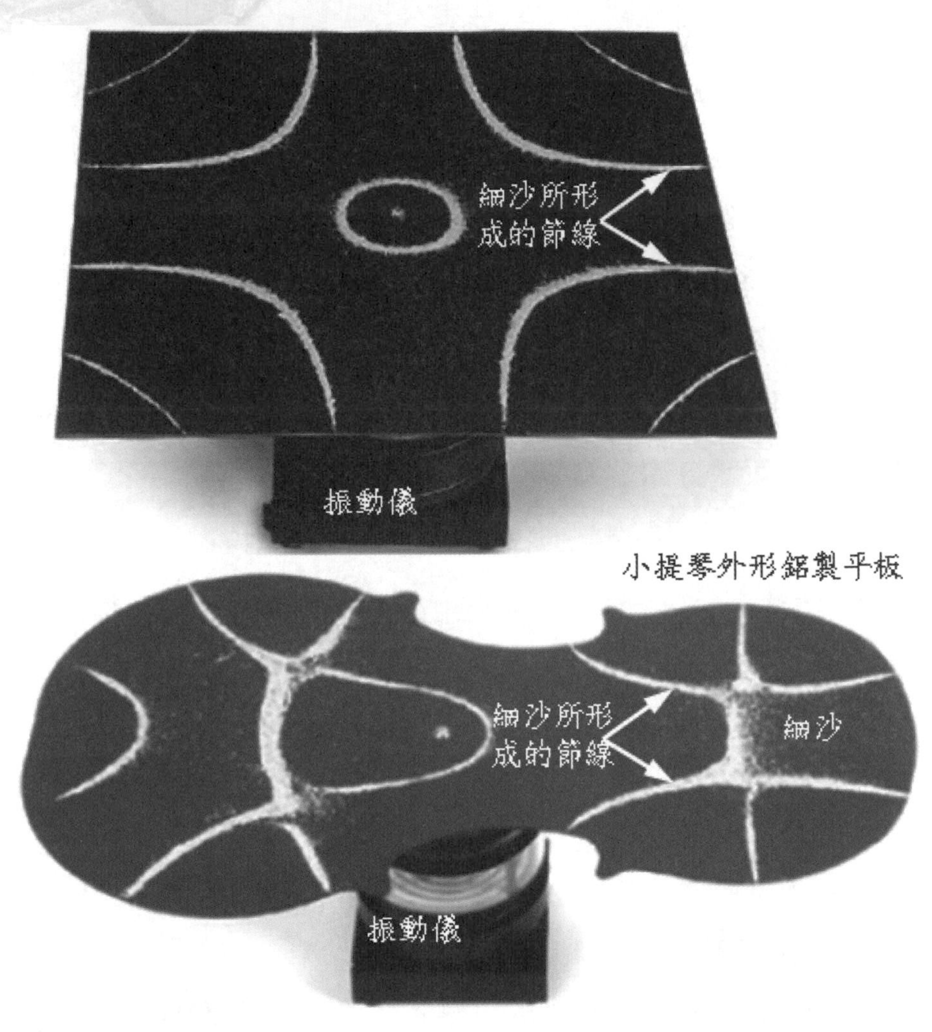

圖 16.6 在方形平板（上）及小提琴平板（下）所呈現的克拉尼圖案。圖片取材自國立清華大學普通物理實驗七：一維駐波與二維共振的克拉尼圖案。

在點的金屬板的振動情形。金屬板上有些地方的細沙跳動很大，有些地方的細沙跳動很小，有些地方的細沙則完全不跳動。所以透過細沙的跳動，使我們容易觀察到二維平板的振動情形。

金屬片的振動是由中心點向外傳播，前進波碰到金屬片的邊緣後，產生反射波。在某些特定的頻率下，反射波與前進波會同步振動，形成所謂的駐波(standing wave)。駐波一旦形成後，其波形不會隨時間而變化，此時所看到的細沙線條也同時趨於穩定。當細沙所排列成的線條不再變化時，我們將發現細沙也都不再跳動，縱使金屬板仍在持續振動著。此時細沙所排列的線條就是金屬板上，振動為零的位置，即所謂的節線。所有節線所組成的集合即為克拉尼圖案。

金屬板的振動頻率是由信號產生器的旋鈕所決定，但頻率的改變不能太快，因為細沙需要足夠的時間調整其最後停留的位置。且通常共振頻率的頻寬範圍很窄，若頻率轉扭調變太快，容易錯過一些應會出現駐波的共振頻率，也無法獲得穩定且清晰的克拉尼圖案。

在方形金屬板（圖 16.6 上）及小提琴外型金屬板（圖 16.6 下）所呈現的克拉尼圖案。觀察不同形狀平板的二維駐波振盪和共振圖案，有助於平面式樂器、鼓器和小提琴等樂器的設計和共振頻率的測量。類似的實驗技巧更被用以檢測物體表面密度分佈、表面應力分佈的情形和尋找人眼無法觀測到的物體缺陷所在處等等。

沙子跳動的圖案呈現出聲音的視覺形象，但沙子不是聲音形象化的唯一媒介。水就是另一個很好的媒介。圖 16.7 的左圖顯示音叉振動所產生的聲波傳入水面後，造成水面的振動，而形成水波。所以水波的波形變化呈現了音叉所發出聲音的視覺效果，其道理和跳動沙子所呈現的視覺化是一樣的。

聲音源自空氣的振動，而沙子和水分子因質量小，容易受到空氣振動的影響並隨之起舞。所以沙子和水分子的運動能夠忠實地反映出空氣的振動。既然聲音的振動可以產生沙紋和水紋，那麼自然有人會問：聲音能不能產生麥紋（亦即麥田圈圖案）呢？也就是說，如果我們將麥子當成振動的媒介，則麥子是否可能隨著空氣振動，而呈現出空氣振動的波形？如果這個推論是正確的話，那麼我們就可以將麥田圈解釋成麥田裡的克拉尼圖案(參考圖16.7之右圖)，這相當於是將原先的金屬板換成了麥田，

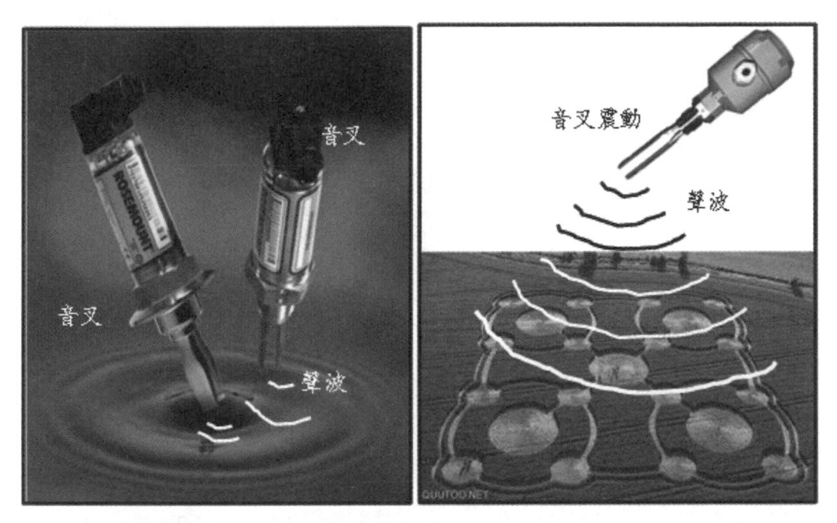

圖 16.7 聲音的振動不僅可產生沙紋，也可產生水紋（左圖）和麥紋，而麥紋就是麥田上的紋絡，亦即麥田圈圖案。

沙子換成了麥子，而沙子排列成的節線換成了麥子傾倒的路線。

為了證實以上推論的正確性，我們必須找出麥田圈圖案與克拉尼圖案間的相似性證據。搜尋網路上關於麥田圈的眾多圖案，我們找到了一些線索。圖 16.8 列出三個對照組，左邊的是麥田圈圖案，而右邊的是克拉尼圖案，兩者之間確

圖 16.8 麥田圈圖案與克拉尼圖案間的相似性證據，左邊的是麥田圈圖案，而右邊的是克拉尼圖案，顯示兩者間確實存在著相當高的相似度。圖片來源：http://timberwolfhq.com/cymatics-crop-circles-and-2012/。

實有著非常高的相似度。然而我們也發現，並不是所有的麥田圈圖案都有其對應的克拉尼圖案，代表兩者之間的相似性並不是一種普遍的關係。

關於沙子與麥子之間的類比，我們所遇到的另一個困難是麥子無法像沙子一般，隨空氣高速振動。以幾百赫茲（Hz）的低頻聲音而言，空氣分子每秒鐘震動數百次，沙子因為慣性很小，可以同步追隨空氣的震動，忠實反映出聲音的波動性。然則整棵麥子的慣性很大，不要說數百次，連每秒鐘來回搖晃幾次都是有困難的。因此我們實在無法期待麥子會隨音波的高速振動而起舞，也就不能斷定麥稈倒伏的路徑就是空氣振動所呈現的節線。如此看來我們先前所做的推論：麥田圈圖案就是克拉尼圖案，必須要做一些修正。

動手做實驗音波如何影響植物成長

前面的分析雖然還未能獲得最後的結論，至少讓我們了解到麥稈的倒伏並非來自聲音振動所產生的機械性壓制力。我們可以做一個簡單的實驗來確認聲音對植物的機械性影響。將電腦或音響的擴音器移動到一株小盆栽的旁邊，然後慢慢放大擴音器的聲音，觀察聲音對盆栽的外觀影響。我們將發現縱使將聲音開到最大，也無法令盆栽的主幹傾斜。不過隨著聲音的變大，葉尖部分的微小抖動會愈加明顯。如果將聲音關掉，葉尖又恢復靜止的狀態。從這個簡單的測試可以知道，聲音對植物的機械性影響相當輕微，而且是立即可恢復的。

聲音對植物的立即性巨觀影響雖很輕微，但是微觀的影響卻非常顯著，而且嚴重影響植物的後續生長。這是因為植物是由水分子與各類生物分子所組成，當空氣分子振動時，容易將振動能量傳給植物體內的各種分子，增加分子的活性，進而影響植物內部的生化反應。然而當聲音的頻率高到兆赫（每秒振動百萬次，10^6Hz)1 以上時，其輸入給植物體內的能量已可能大到傷害植物的組織，造成其成長的障礙。所以如果我們從分子

1.《植物欣賞音樂》，彼得 · 湯京士(Peter Tompkins)、克利斯多福 · 柏德(Christopher Bird) 原著，薛絢翻譯，台灣商務出版，1998。

的層級來看，音波（尤其是超音波）導致麥稈傾倒的結果並不令人意外，只是它的作用不是原先我們所預期的機械壓制力，而是一種潛移默化，從微觀影響到巨觀的生化過程。

我們先來看看低頻聲音對植物成長的影響。1962 年美國一位植物學家史密斯 (George E. Smith) 發現運用聲音可以刺激玉米的生長，而且最佳的聲音頻率在 450Hz(每秒振動 450 次）。國內的研究結果也顯示聲波刺激有助於加速綠豆萌芽以及其幼苗的生長[2]，並發現最佳的聲音頻率與季節有關。春季時，刺激綠豆成長的最佳頻率在 1600Hz，而夏季時，最佳頻率則在 3200Hz。

與其憑空想像聲波對麥苗的影響，我們可以設計簡單的 DIY 實驗，親身體驗聲音與植物之間的巧妙互動。圖 17.1 呈現第 52 屆中小學科學展覽的一個作品，說明利用簡單的配備組合，即可以探討聲波對於植物發芽率之影響。[3] 此實驗利用 RC 震盪電路（圖 17.1c) 產生震盪波，並藉由調整電阻值

2.《聲波刺激對綠豆萌芽及其幼苗生長的影響》，林浩暉著，國立清華大學碩士論文，2009 年 12 月。

3. 第 52 屆中小學科學展覽作品《聲波對於植物發芽率之影響》，新竹市光武國中。

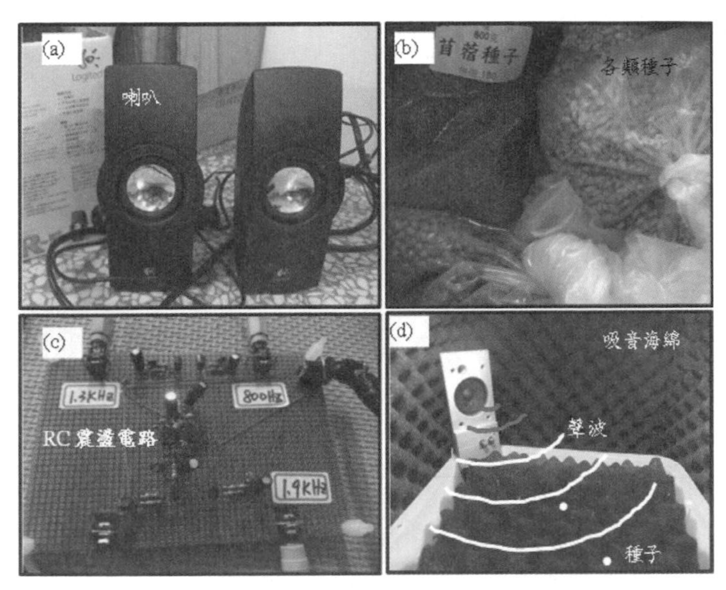

圖 17.1 設計簡單的 DIY 實驗，研究聲波對於植物發芽的影響。圖片引用自第 52 屆中小學科學展覽作品《聲波對於植物發芽率之影響》，新竹市光武國中。http://activity.ntsec.gov.tw/activity/race-1/52/pdf/030303.pdf。

的大小來改變其輸出到喇叭的頻率。將喇叭、種子與吸音海綿一起放入觀察箱中，即可進行實驗，而實驗的控制變因為種子的類別、輸入聲音的頻率與強度。實驗結果顯示：

- 聲音頻率 800Hz 對於土耕小白菜發芽率平均增加了 40%。
- 聲音頻率 1300Hz 對於水耕小白菜發芽率則平均增加了 30%。
- 聲音頻率 200Hz 對於綠豆、苜蓿、小麥發芽率分別增加了 7%、22%、17%。

・聲音必須連續播放 5 小時以上，才具有催芽效果。

・聲音的大小(50 ～ 90dB)則對於催芽效果影響不大。

實驗結果說明聲波對於種子發芽有非常好的催化效果，其效率甚至比傳統的浸水催芽法以及化學催芽法來得高，而且不會造成環境的污染。綜合現有國內外研究成果，我們可以確認低頻聲音對於植物各個階段的成長均有所助益，而其主要機制是透過振動將能量傳遞給植物內部的分子，增加其活性，使植物體內之激素濃度分布產生變化（如離層酸或其他相關激素），進而促進植物的成長。

但是隨著輸入聲音的頻率越來越高時，聲音振動所產生的高能量會逐漸讓植物無法承受。人的耳朵可以聽到的最高頻率約在 20000Hz(即 20 千赫，2k Hz)，頻率超過 20 千赫的聲音就叫做超音波。前面提到的植物實驗，所使用聲音的頻率約在 1 千赫附近，所以是屬於較低頻的範圍。這種低頻的聲音對於植物有促進成長的作用，它只會讓小麥加速長高，而不是造成麥稈傾倒，形成麥田圈。

當輸入給植物的聲音頻率達到超音波[4]的範圍時，對植物的影響會從正面逐漸轉為負面。以前面的音波催芽為例，超音波催芽會破壞種子的種皮讓水分易於滲入，雖然也可達到催芽的效果，但若使用過久，所累積的過大能量會破壞植物種子構造[5]。

超音波因具有較高的熱能傳遞，比音波更能深入皮下組織而達到活化的效果。醫學用的超音波頻率可達到 1 兆赫(1MHz，每秒震動一百萬次)，強度則控制在 0.1W/cm^2(每平方公分 0.1 瓦)以下。這種微細又高頻的振動作用，能調節細胞膜的通透性，幫助藥劑導入皮膚；而振動所輸入的熱能加強了血液循環和代謝功能，使缺水或缺養份的皮膚得到補充，而使小皺紋逐漸消失。超音波目前在肌肉復健與臉部按摩的應用已相當普及(參見圖 17.2 左)。

超音波在物體內部的傳播速度非常快，遇到不均勻或缺

---

4. 超音波是指任何聲波或振動，其頻率超過人類耳朵可以聽到的最高頻率，即 20 千赫(2k Hz，2 萬赫茲)。超音波由於其高頻特性而被廣泛應用於眾多領域，比如金屬探傷，工件清洗等。某些動物，如狗隻、海豚，以及蝙蝠等等都有著超乎人類的耳朵，也因此可以聽到超音波。亦有人利用這個特性製成能產生超音波來呼喚狗隻的犬笛(中文維基百科)。

5.《利用超音波處理促進瓜類蔬菜種子活力之研究》，黃玉梅著，行政院農業委員會種苗改良繁殖場九十四年度科技計畫研究報告。

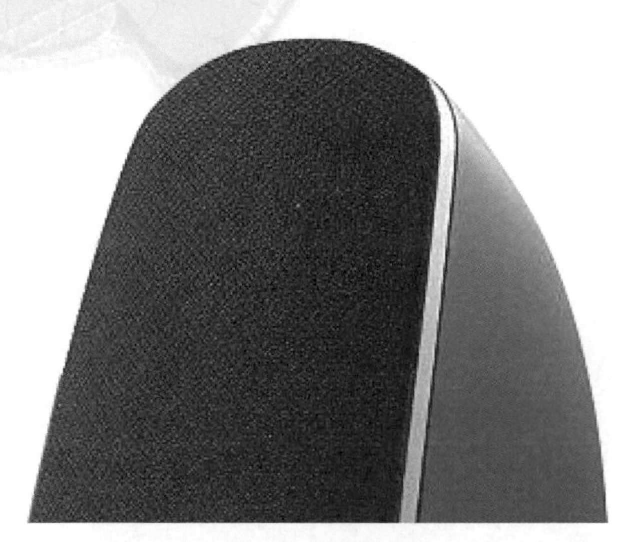

圖 17.2（左）超音波高頻振動所產生的熱能有助於加強血液循環和代謝功能，使缺水或缺養份的皮膚得到補充。（右）超音波聚焦於皮下脂肪，使脂肪爆裂，脂肪油流出，達到溶脂減肥的功能。圖片來源：http://forbeauty920.pixnet.net/blog/ post/92630883。

陷的部分即會反射。我們可以根據反射波的數量、返回時間，來推知缺陷的大小和位置，此即超音波非破壞性檢測的功能。在另一方面，超音波的高頻振動特性可用來抖落去除附著在物體上的污點或異物，達到清潔的功能，從而發展出目前的眼鏡、飾品、衣物等等之各式超音波清洗機。

上述的超音波應用都是使用低強度的超音波，不至於造成生物性的傷害。但是當超音波的強度超過 $1W/cm^2$（每平方公分 1 瓦）時，則會開始引起組織的結構發生變化，而產生生物效應。此種強度等級的超音波才具有使麥稈傾倒的能力。高強度的超音波具有以下三種效應：高熱量效應、空洞效應、化學效應：

- **高熱量效應：**超音波熱能產生的速度與其強度和被照組織的吸收係數（absorption coefficient）成正比，而吸收係數又與超音波的頻率成正比，例如超音波強度為 $1W/cm^2$，而頻率為 1 MHz，則超音波在組織內平均每秒產生 0.024 卡的熱量，即每分鐘 1.5 卡。隨著超音波強度與頻率的增加，其在被照射組織內所生成的熱量也快速遞增。
- **空洞效應：**空洞效應是指高強度的超音波會在入射的組織內產生空氣泡，而隨著聲波壓力的增加，這些氣泡會繼續變大，直到它們不穩定而爆破塌陷。當氣泡破裂時，將釋放出大量的能量，這些能量足以融化裂解周遭的物質。目前醫學上的「溶脂」技術，即是將超音波聚焦於皮下脂肪，高熱量使脂肪爆裂，脂肪油流出，達到溶脂減肥的目的(參見圖17.2右)。但高強度超音波的使用，需要非常謹慎，因為它的高熱量也會帶來負面效果。實驗的測試顯示，強度 35W/cm^2，1 MHz 的超音波會產生 10mPa[6] 的壓力，它足以使血液中的 O_2 和 CO_2 分解為氣體形成氣泡，其所釋放出的能量，可使 DNA 的鍵結破壞，所產生的自由基(free radicals)由於氧化作用，而破壞了代謝作用。

- **化學效應：**化學效應會發生於高強度的超音波，尤其是同時有空洞現象發生時。在此情況下，局部的溫度和壓力會大大的增加，而發生化學反應，使得細胞膜破裂，則整個器官無法維持正常的功能。

在以上效應中，我們特別注意到高強度高頻超音波在入射的組織內產生空氣泡，並造成空洞化的特性，因為它跟微波照射有極為類似的效應。前面我們曾經介紹過，當麥稈受到微波加熱時，在麥稈內部形成的蒸氣壓力會在莖的關節處爆開，形成許多小孔洞，這些小孔洞削弱了莖節表面的強度，使其無法支撐自身的重量，而造成麥稈在莖節處的彎

6. Pa 是壓力單位，表示每平方公尺受到 1 牛頓的力量(N/m^2)，mPa 則表示 Pa 的千分之一。

圖 17.3 高強度高頻超音波具有與微波相同的熱效應，它們所產生的熱能都足以讓麥莖節空洞化，削弱其支撐力，以致造成麥稈在莖節處的彎曲。

曲。同樣地，高強度高頻超音波在麥體組織內部產生空氣泡，這些氣泡破裂後，所產生的高熱能引起溶化作用，也會在麥莖節處生成許多小孔洞。

高頻超音波的頻率可達到幾百兆赫，而這樣的頻率已接近微波頻率的下限：一千兆赫。因為振動產生熱能，高頻超音波具有與微波相當的振動頻率，這正解釋了為何兩者具有類似的熱效應。目前超音波技術已可以像雷射光束一樣被定位，能使被鎖定的分子產生震動，但鄰近的東西卻完全不受影響。因此若有人攜帶高頻超音波發射器到麥田，並配合高解析度的 GPS 路徑規劃，是可輕易地製造出複雜的麥田圈圖案（參考圖 17.3）。

除了人為之外，超音波的發射是否可能是源自超自然現象呢？關於這一點，我們只能無奈地回答說：「假作真時，真亦假。」當人類能夠逼真模仿某種超自然現象時（假作真時），不管這種超自然現象是不是源自其他高等智慧，它已經不能再被稱為超自然現象了，因為此時，真的也會被認為是假的（真亦假）。現階段如果真有外星人要傳遞信息給人類，那麼麥田圈已然不是一個適合的媒介；外星人應該找一些人類無法複製的方式，而且其機制是目前科學一點都無法解釋的才行。

隨著人類科技的進步，某種現象要被認定為超自然現象的門檻也跟著水漲船高。以前也許只要通過一次主觀的檢驗步驟，即可輕易地被大眾接受為超自然現象，現在可能要通過多次嚴格的科學檢驗，才能被認定。了解這一點，我們再來看看網路上流傳已久，一則 40 多年前關於音樂如何影響植物的訊息。1968 年，科羅拉多州天普布魯爾學院做了音樂如何影響植物的實驗，發現重金屬搖滾樂使植物向音源反方向傾斜或死亡；古典音樂卻吸引植物靠近擴音器；若讓植物聽印度祈禱音樂，其莖桿彎曲會超過 60 度，類似真實的麥田圈植物（參見圖 17.4）。

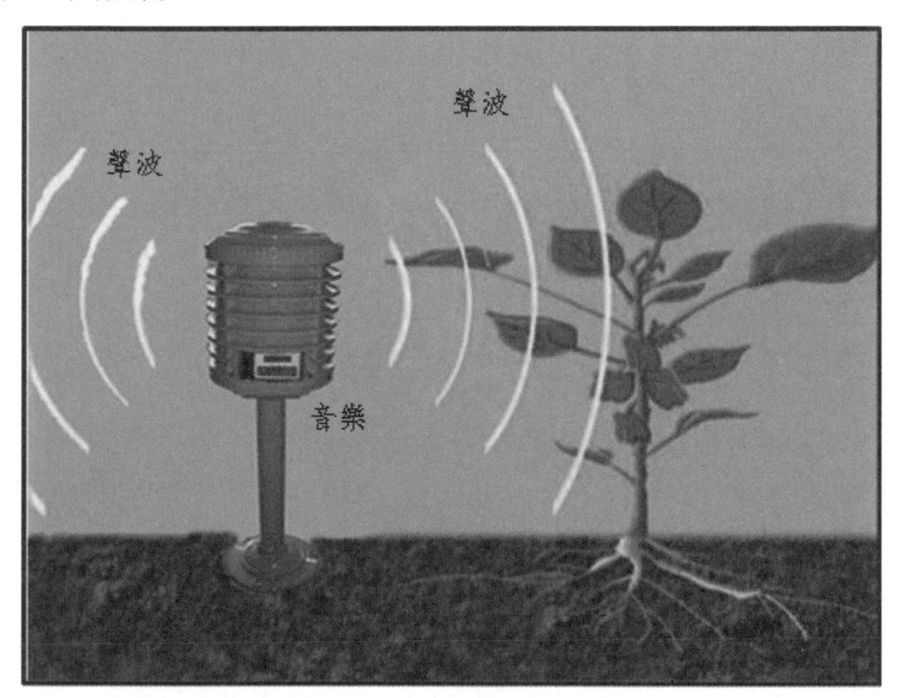

圖 17.4 聲音對於植物的影響，取決於三個影響因子：強度大小、頻率範圍與時間（節拍長短），這三個因子的不同組合，會得到不同的旋律。圖片取自 http://blog.163.com/minerkang@126/blog/static/87256293201225058161 3/。

報導中所稱的實驗是在檢測音樂中的不同曲風：重金屬音樂、古典音樂、祈禱音樂，對於植物的影響，實驗結果在於凸顯植物所具有的奇妙靈性，能對旋律表現出好惡的反應。這個實驗不夠嚴謹的地方在於它僅考慮聲音的旋律對於植物的影響，而忽略了其他三個更重要的影響因子：音樂的強度大小、頻率範圍與播放時間。同樣是古典音樂，有些曲子音頻範圍較高，有些音頻較低，所以採用不同的古典樂曲，實驗結果可能會有所差異。對於同一首重金屬樂曲，把擴音器打開到震耳欲聾，或是小到幾乎聽不到，所產生的實驗結果自然會有很大的出入。對於同一首印度祈禱音樂，播放五分鐘給植物聽，看不出甚麼影響，但如果連續一天 24 小時不停的播放，植物也許會有所反應。實驗者如果要人們相信植物對於不同的曲風或旋律會產生不同的反應，那麼他應該把不同曲子的頻率範圍、聲音的強度大小與播放時間，設定成一樣，然後單獨就曲風的不同來做檢測，如此得到的實驗結果才能取信於人。

全自動化的麥田圈製造機

生物機電技術

圖 18.1 外星人開著農作機在壓制麥田。如果高科技的外星人還需要用這種方法來製造麥田圈，那也真是太辛苦了。圖片來源：http://fuxktheworld.blogspot.tw/2012/07/2012712nibiru.html。

前面我們已經介紹幾種人造麥田圈的製作方法，有純粹靠人力壓制的方法，也有半自動的方法，就是手持微波或超音波發射器對著麥田掃描，透過熱能的發射讓麥稈自動傾倒。而所謂的全自動化麥田圈製造機就是利用機器人農夫(robot farmer)完全取代人力，來進行麥田圈的製作。

曾有人拍攝到外星人開著農作機在壓制麥田（參見圖18.1）。如果高科技的外星人還需要用這種方法來製造麥田圈，那也真是太辛苦了；這種苦差事應該由機器人來代勞，怎麼會是外星人親自出馬呢！說不定人類所製造的機器人可以跟外星人比賽一下，看誰製作麥田圈的速度比較快！

目前機器人的技術越來越成熟，可以按照記憶體中所設定的規劃路徑，依序進行指定的各種動作。如果只是要進行麥田的踩踏工作，那我們可以派出一個像圖 18.2 所示之六

圖 18.2 如果只是要在麥田上壓制麥稈，這款六腳機器人 figaro 倒可派上用場，它會依據輸入的電腦程式，在農作物上踩踏出任何複雜的麥田圈圖案。圖片取自 http://chinese.engadget.com/2009/03/11/figaro-the-lawn-barber/

腳機器人 figaro 來完成工作。

這款機器人是由下列六個次系統所組成，透過各系統彼此間的整合運作，自動完成所指定的：

- **中央處理 (Central Process) 次系統：**這相當於人類大腦的邏輯判斷區塊，它會根據視覺感測次系統所提供的當下環境資訊，並比對規劃次系統所下達的指令，然後告訴機械次系統下一個時刻所要進行的動作。
- **規劃 (Planning) 次系統：**這相當於人類大腦的記憶區塊，它預先儲存了機器人的行走路徑（根據麥田圈圖案），以及各種智慧型之規劃工作，包括抓取動作之規劃、末端效應器之軌跡規劃、避免防撞等。
- **機械 (Mechanical) 次系統：**相當於人類的骨骼與肌肉系統，它是由齒輪組、致動器與關節所組成，接受來自處理次系統（大腦）的指令，完成所指定的動作。
- **感應器 (Sensor) 次系統：**相當於人類的各種感覺器官，它有影像感測器提供視覺、壓力感測器提供觸覺、陀螺儀提供姿態角、GPS 接收器提供位置與速度。這些感應所得的數據最後匯集到中央處理系統，進行資料的分析與處理。

- **電子 (Electrical) 次系統：**相當於人類的周圍神經系統，包含驅動各種致動器與感應器所需之電子元件、連結電路與電源供應器等。
- **控制 (Control) 次系統：**相當於人類的中樞神經系統，它整合了大腦（中央處理次系統）與周圍神經系統（電子次系統）的功能，先接收來自各個感應器的訊號，經過數值計算與邏輯判斷後，下達動作指令；電子次系統負責將動作指令傳達到機械次系統，最後再由致動器（油壓、氣壓、電動馬達）完成指定動作。動作完成後，感測器會將訊號回饋到中央處理系統，如果發現動作結果有偏差，會再下達修正指令，直到機器人的動作與指令完全一致為止。

一款真正用於農事的機器人稱為 Prospero[1]，是由 David Dourhout 所帶領的研發團隊所設計（參見圖 18.3），其最終設計目標是希望能自動完成三種農事功能：播種、照顧與收割，

1.http://forums.parallax.com/showthread.php/128752-My-robotic-farmer-Prospero

圖 18.3，行動的方式主要是模仿螞蟻，兼具有播種、照顧與收割的三重功能。圖片取材自 http://140.116.249.89 /emotor/worklog/wordpress/wp-content/

現階段的開發已完成播種的功能。Prospero 的架構為 6 足的仿足式機器人，行動的方式主要是模仿螞蟻，每個 Prospero 之間會互相溝通已完成的工作，並以白色噴漆標註為已完成播種的農地。每個 Prospero 具有視覺影像系統，可以識別某塊區域是否已有白色標記，以避免重複播種。

機器人農夫 Prospero 的平時任務是協助於廣大農地內的播種與收割工作，但它在農暇之餘，則可搖身一變，成為一部全自動化的麥田圈製作機，將麥田變成觀光地，增加農地的附加價值。這時只要將 Prospero 記憶體內的規劃路徑依據麥田圈圖樣加以改寫，並將其手臂上原來的播種工具，抽換成超音波或微波發射器（磁控管），那麼 Prospero 即可沿著預先規劃路徑，發射振動熱能到路徑上的小麥，以減弱其麥稈支撐力而傾倒（參見圖 18.4）。

由於 Prospero 是多用途的機器人農夫，必須機載較多的電子及機械元件，使得體積及重量相對增加。如果是要執行單一功

圖 18.4 機器人農夫搖身變成麥田圈製作機，只要將其記憶體內的規劃路徑依據麥田圈圖樣加以改寫，並將其手臂上原來的播種工具，抽換成微波或超音波發射器。圖片取材自 http: //140.116.249.89/emotor/worklog/wordpress/ wp-content/uploads/2011/12/21.jpg。

能，例如灑水、插秧，或者是製作麥田圈，則農事機器人可做特殊化設計，變得輕巧許多。農事機器人是生物機電領域主要的研究項目之一，國內在這方面的研究也不輸國外，這在「生物機電盃田間機器人大賽」中，即可看到研發成果。這個比賽已舉辦過五屆，每屆均吸引全國各大專院校眾多隊伍參賽。比賽的重點在考驗機器人在田中行走、轉彎和定位的能力。

田間機器人比賽是模擬實際田間的情景，所以場地是在田埂間舉行，其比賽的困難度遠比在室內舉行的機器人競賽高。圖 18.5 顯示第三屆比賽(2010，屏東科大)中的田間實測情景。一台被命名為「超級細菌」的機器人，透過適當的程式設計，並配合機器人身上的感應器，讓機器人可以在田間順利規避障礙物；同時搭配防潮設施，讓機器人在下雨天也可以工作[2]。

被設計於田間工作的機器人，只要具備有轉彎及精確的定位能力，都可被改裝成麥田圈(或稻田圈)製作機，它跟一般田間機器人最主要的不同點是要具備路徑追蹤能力。這裡所謂的路徑並不是田間既成的小路，而是依據不同的麥田圈

---

2. 節錄自大紀元記者王鏡瑜 2010 年 11 月 19 日採訪報導。 http://www.epochtimes. com / b5/10/11/19/n3089981.htm

圖 18.5 一台被命名為「超級細菌」的機器人，在「第三屆生物機電盃田間機器人大賽」中，以流暢的轉彎加上優秀的定位能力，拿下第1名。如果在平台上再安裝一組磁控管，這台機器人就具有麥田圈的製作能力。（攝影：王鏡瑜／大紀元）。

圖案所規劃的虛擬路徑。機器人攜帶著磁控管，沿著虛擬路徑發射微波。所以機器人追蹤這一虛擬路徑的精確度越高，所製作出來的麥田圈越是逼真，越能反映出原先的設計圖樣。

國外現階段還未發展出專門製作麥田圈的機器人，但隨著麥田圈的需求量愈來愈大（這幾年出現的數量，每年都超過千個），麥田圈觀光產業的興盛，將使得這種全自動化麥田圈製作機的研發更形迫切。也許在不久的將來，於各式各樣的機器人大賽中，會出現田間機器人的麥田圈製作比賽，比看哪一台機器人完成麥田圈的速度最快，哪一台完成的麥田圈圖案最具有創意及藝術價值。

本書關於麥田圈的討論在此即將告一段落，讓我們再回到最開始的問題：什麼才是真正的麥田圈？誰才是麥田圈的真正背後主導者？當假的麥田圈做的比真的麥田圈還逼真時，辯論真假已沒有實質意義。關於麥田圈的背後主導者，有的人認為是外星人，大部分的人則認為是人類自己。在人們的心目中，真正麥田圈的迷人之處在於它形成之時的神祕性與瞬間性，而不是在它形成之後所呈現的圖案，因為現在已有太多方法可以複製出相同的圖案。因此麥田圈真正的背後主導者應該就是可以在瞬間，並且無聲無息地形成麥田圈的「人」。如果還是無法分辨時，就來場比賽分出高下吧！天、地、人三界各派出一組代表，天界的代表是外星人，地界的代表是機器人，人界的代表是地球人。這雖然是一場天馬行空的比賽，但它點出了一個事實：麥田圈的真真假假、虛虛實實，所反映的正是「外星智慧」、「人工智慧」、「人類智慧」，天地人三者之間的一場明爭暗鬥。

蝴蝶效應

與混沌現象

本書的第 8 單元中提到，一個衣角的輕微觸動，可能導致一個無法事先預料的巨大後果：整片麥田的傾倒。這個現象稱之為蝴蝶效應，用來表達一個小小擾動所產生的巨大後果。蝴蝶效應的科學知識直到 20 世紀後半期，才逐漸被人們所瞭解。產生蝴蝶效應的內在機制，源自非線性系統的混沌 (chaos) 行為。

混沌的基本精神是指系統輸出對初始值的變化非常敏感，造成我們無法由系統初始值的變化去預測系統後續的變化。混沌理論的研究最早出自於法國的數學家龐克萊 (H. Poincare) 的動力學系統，他察覺到古典物理方程式中所隱藏的不可預測性，並於論文中提到『初始值的極小差距，會在系統的最後狀態造成極大的偏差』。隨後於 1972 年，由氣象學家羅倫茲 (E.N. Lorenz) 提出令人耳熟能詳的詞彙『蝴蝶效應』：一隻蝴蝶翅膀的拍動，卻造成幾千公里外的一場大風暴。他並指出非線性現象是大自然中的常態，而一個非線性系統本質上就具有不穩定的特性，因此不可能進行長期的預測。從此國際上便開始了研究混沌現象的熱潮。漸漸地混沌理論成為一個獨立的學門，而它的概念和分析方法被廣泛地運用到各方面，如數學、物理、化學、天文學等各種領域。

例如考慮如下微分方程式的求解

$\ddot{x}+0.05\dot{x}+x^3=7.5\cos t$ (A1)

並使用二組非常接近的初始條件：(1) $x(0)=3$，$\dot{x}(0)=4$；(2) $x(0)=3.01$，$\dot{x}(0)=4.01$。利用 Ringe-kutta 積分法可畫出對應的二條 軌跡，如圖 A1 所示。兩組初始值雖只有 0.01 的差別，但其所對應的解在一段時間後已全然南轅北轍，看不出任何關係，此種輸出的不可預測性(unpredictability)是混沌的基本特性。但混沌不可和隨機運動(random motion)混淆。

(1) 隨機運動：系統模型或是輸入訊號含有不確定性成分，以致系統輸出也是不確定，而只能得到輸出值的平均統計特性。

(2) 混沌：系統模式或輸入訊號完全是確定的(deterministic)，輸出也是確定的，只是無法去預測（無法由前階段的響應去預測後階段的響應）。例如大氣的變化莫測，常常無法由今天的天氣去精確預測一星期後的天氣，因為今天天氣預報的一點點小誤差，在混沌現象的作用下，七天以後的放大誤差，將使得天氣預報沒有意義。

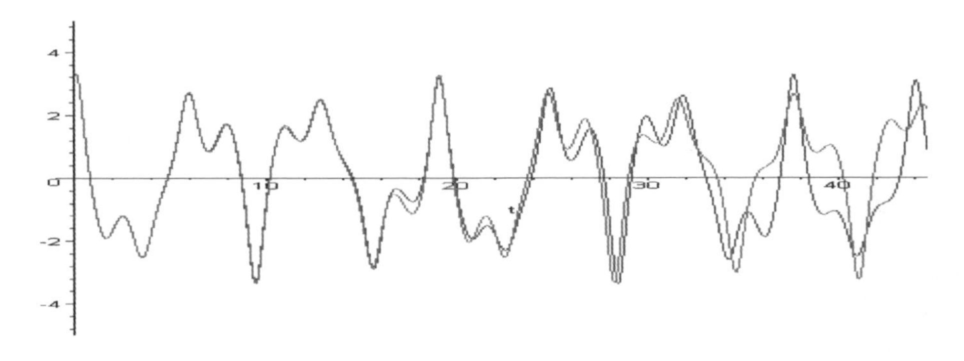

圖 A1 渾沌現象：初始值雖只有很小的差距，所對應的解卻有很大的差異。

舉例言之，(A1) 式的初始條件 (1) 可視為是正確的大氣資料，初始條件 (2) 則視為是量測所得的大氣資料；圖 A1 顯示，初始條件 (2) 所預測的 40 小時後的大氣資料，與 40 小時後的真實大氣資料已經南轅北轍。

對混沌訊號的分析與建模有助於人類對於生存各個領域的了解。混沌來之於有序，有序中隱藏著無序，無序中存在著有序。只有完美的機器才能發出週期性的訊號，生命不是機器；生命體所發出的訊號其實都有著不同程度的混沌性。

(A) **腦波訊號的混沌性**：正常人的腦電圖訊號十分不規則，但癲癇病人在發病時的腦電圖訊號確具有明顯的週期特性。正常人深度睡眠時的腦電圖也很有規律。多種證據顯示，腦的活動越強，腦波訊號的混沌性越高。因此腦電圖訊號的混沌強弱，可做為腦活動力的量化指標：混沌指標愈大，腦活動力愈高。

(B) **心率的混沌性**：心臟不是機器，心臟的跳動不是百分之百的週期性，是有序中隱藏著無序。胎兒在母體裡，心率的線性特徵（週期性）十分明顯。胎兒越成熟，心率越呈非線性（混沌性），到出生時最明顯。出生後隨年齡的增長，非線性混沌特徵逐漸減弱，到老年時，線性程分又占主導。這一切似乎在說『生命體本身就是一個混沌態』。混沌性愈強，生命力即愈強。

(C) **太陽黑子活動**：太陽黑子活動直接影響地球氣候的變化，因此太陽黑子相對數的預報具有重要的理論意義和實用價值。過去人們以為太陽黑子活動完全是隨機的，因而用隨機模型加以預測。近來學者用混沌理論對太陽黑子數進行建模，取得更好的預測結果。其中類神經網路對於太陽黑子數非線性結構的建模，更顯示黑子數呈現約 11 年的週期變化，此與天文觀測的結果一致。這說明太陽黑子活動是無序中隱藏著有序。

混沌是有規律的，混沌是可以控制的，可以利用的，甚至是十分可貴的。20 世紀 80 年代中期發生了一件鮮為人知的事情。美國僅僅耗用了極少量的燃料就將一艘稱為『國際地球探測 3 號』(ISEE-3) 宇宙飛船發射到距地球 1.6 億公里之外的一顆慧星附近，順利地完成探測任務。這一驚人的成就即是利用混沌控制思想實現的。天文學界一個著名的混沌現象就是『三體問題』：一個小質量 m 在二個大質量星體 ***M*1** 和 ***M*2** 的共同作用下，在二者之間返復運動，但經過若干次後，m 會一去不再返回，憑藉著對初始值高度敏感性的內隨機特性，而使 m 飛離振盪平面進入系統的吸引區。

這是人類第一次利用了混沌的蝴蝶效應，採用類似『混沌打靶法』取得的巨大成功。這充分顯示了混沌控制突出的優越性和靈活性：混沌是隱藏的活力與能量，誰能善於應用混沌特性，駕馭混沌，誰就能以最小的代價取得最佳的效果，從而獲得不可估量的經濟效益。自從 1970 年代混沌科學的誕生以來，第二次全球性的混沌研究熱潮起自 1990 年代混沌控制理論與現代控制理論的結合。1996 年在義大利舉行的『非線性控制與混沌控制』國際學術會議，為這次混沌研究熱潮揭開序幕。

微波與微波爐

植物的水分被封存在莖的內部，所以當受到微波加熱時，在裡面形成的蒸氣壓力會在莖的關節處爆開，以致無法支撐自身的重量，而造成麥稈在莖節處的彎曲。不過令人疑惑的是，微波僅是電磁波的一個波段，為何只有微波會造成麥稈的彎曲，而形成麥田圈圖案，其他波段的電磁波難道不能獲得相同的效果嗎？

問題出在哪一個波段的電磁波可以造成麥稈的彎曲，但同時又不會傷害到麥稈呢？電磁波的能量和其頻率成正比，而電磁波的頻率分布如圖 14.4 所示。微波的波長約介於 1 mm 至 30 cm，相當於頻率介於 1 千兆赫至 300 千兆赫之間。注意中文的『兆』赫是指『百萬』赫茲（10^6Hz，即每秒震動一百萬次），而不是比千億多一個零的那個『兆』。圖 B1 列出幾款常用家電用品的頻率操作範圍。微波爐顧名思義就是操作在微波的範圍，其頻率為 2450 兆赫。雙頻手機的高頻波段也是落在微波的範圍。宇宙背景輻射的波長為 1.9mm，是屬於較高頻的微波。電視與調頻廣播的頻率則稍低於微波，已落入無線電波的範圍。波長較 30 cm 長的電磁波通稱為無線電波；AM 和 FM 無線電、VHF 和 UHF 電視廣播，以及無線電火腿族所使用的指定頻帶，都是屬於電磁頻譜中的無線電波部分。

比微波高頻的電磁波雖可造成麥稈的彎曲，但同時也造成對植物體不同程度的傷害。反之，比微波低頻的電磁波，雖然不會對植物細胞造成傷害，但其產生的熱能也不足以造成麥稈的彎曲。可見若要以電磁輻射的方式產生麥田圈圖案，則電磁波的頻率要恰到好處，太高或太低都不行。

微波主要是對植物體細胞產生溫熱的效果（物理變化），其強度尚不足以造成化學反應，而破壞細胞的正常功能，這也正是微波爐為何要選用微波為工作波段的主要原因。否則如果單就加熱效果而言，紅外線的頻率比微波高，其產生的能量將比微波大，加熱的效率較好。

不同的電磁波頻率會對細胞分子產生三種不同程度的影響：(1) 分子整體的轉動，(2) 分子內部原子間相對的振動，和 (3) 電子的能階跳躍。

圖 B1 幾款常用家電用品的頻率操作範圍。微波爐顧名思義就是以微波來加熱食物，其頻率為 2450 兆赫。雙頻手機的高頻波段也是落在微波的範圍。AM 和 FM 廣播、VHF 和 UHF 電視廣播，則是操作在比微波頻率低的無線電波範圍。

1. 分子的轉動：轉動能階之間距非常小（一般來說為 10^{-3} 電子伏特[1]），使得分子在不同轉動能階之間變化，所需要照射的電磁波波長剛好位於 0.1 mm 至 1 cm 的微波範圍。也就是說，微波提供了有機分子及水分子轉動動能的變化，微

---

1. 電子伏特 (electron volt)，符號為 eV，是能量的單位。代表一個電子（所帶電量為 1.6×10^{-19} 庫侖）經過 1 伏特的電位差加速後所獲得的動能。電子伏與 SI 制的能量單位焦耳（J）的換算關係是 $1eV=1.6\times10^{-19}J$。

波爐的運作原理就是透過分子的轉動來加熱食物。

2. 分子的振動：振動能階的間隔較大（一般來說為 0.1 電子伏特），使得振動能階產生變化所需要照射的電磁波波長，是位於 1 μm 至 0.1mm 之間的紅外光範圍。亦即以紅外線照射分子，會增加其振動動能，而達到加熱的效果。

3. 電子的能階跳躍：分子內部電子能階跳躍所需要的能量，約需數個電子伏特，大於分子轉動與振動所需要的能量。所對應的電磁波光譜位於可見光和紫外光區。

在圖 B2 中顯示了三種能階的相對大小。左上圖顯示了電子的基態（ground state）與第一激發態（excited state），二個能階之間的差即為電子能階差，相當於可見光或紫外線的能量。在電子的激態或基態上，畫了許多平行線，這些即為分子的振動能階。二個相鄰振動能階間之差，約為紅外線的能量。所以用紅外線照射分子有助於提升分子的振動能量。

如果將二個相鄰的振動能階放大，可得到圖右下角的圓形區域，其中 v=0 對應到振動能階的基態，v=1 對應到振動

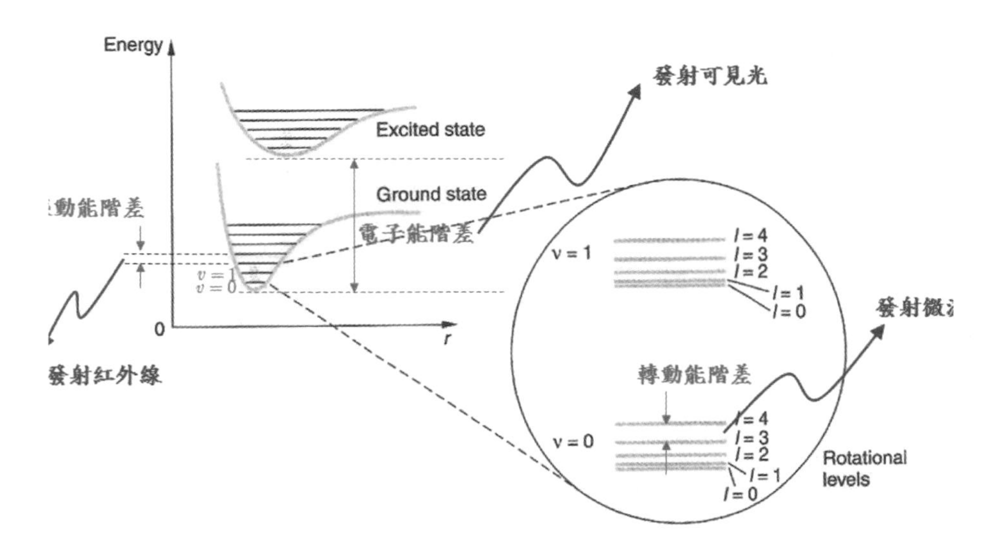

圖 B2 三種不同電磁波的照射造成三種不同的分子能階變化。(1) 微波照射會增加分子的轉動動能；反之，分子轉動動能的降低會發射微波。(2) 紅外線照射會增加分子的振動動能。(3) 可見光照射會造成電子能階的跳躍。三者之中，微波能量最低，只能使分子轉動；紅外線次之，可使分子振動；(3) 可見光能量最高，可使電子的能階跳躍，進而改變分子的化學性質。

能階的激發態。本來 v=0 或 v=1 只是對應到一個振動能階，但是經過右下角的放大後，我們發現每一個振動能階的內部，原來還含有許多更微小的轉動能階。二個相鄰轉動能階間之差很小，約為微波的能量。所以微波的能量比紅外線與可見光小許多，它只能使得分子旋轉，但不足使分子振動，更不用說去破壞分子的鍵結。用微波加熱食物，其中熱量的來源正是由水分子的轉動動能變化而來。

微波的功能一開始並不是用來加熱食物，而是用作偵查與通訊。電磁波在大氣層內傳播，所使用的波長如果太小容易被大氣層吸收；反之波長如果太長（如無線電坡），則容易被反射。對於電磁波的所有波段，能夠進出大氣層，暢行無阻的，只有二個波段：可見光與微波。只有這二個波段相對於大氣層是透明的，其他波段的電磁波通過大氣層時，均會有不同程度的吸收或反射。『可見光』雖然相對於大氣層是透明，但只能使用於白天，並不適合於全天候的通訊用途。能夠用作全球性的通訊媒介只有微波，目前的衛星通訊、全球定位系統(GPS)、手機通訊，所使用的電磁波波段都在微波的範圍。

相較於可見光與微波，無線電波的波長較長，容易被物體反射，但也正是由於這個特性，它可用來偵測反射物的位置。1922年馬可尼（Guglielmo Marconi）提出雷達的構想，就是利用無線電波的反射而探測船隻的位置。雷達將無線電波以定向方式發射到空間中，藉由偵測空間內物體的反射波，從而計算出物體的距離、速度、方向與形狀。這個機制類似蝙蝠與海豚使用聲納的原理，不同的地方只是將聲波改為電磁波。

由於金屬和其他導電物質都有絕佳的反射性，這使得雷達成為探測飛機、船艦非常好用的工具。但無線電波的長波長特性也使得雷達波容易受阻擋，無法進行遠距離的搜索功能。在二次大戰期間，英國致力於改良雷達技術，以搜尋德國轟炸機，達到長程預警的功能，藍道爾（John Randall）與布特（H.A. Boot）在1939年發明了微波雷達，取代了易被阻擋的無線電雷達波。微波雷達的主要元件是磁控管（magnetron），它是用來發射微波的裝置。想不到這個為戰爭而誕生的裝置，竟成為日後微波爐最重要的元件。

1946年美國雷神公司的工程師史賓塞(Percy L. Spencer)在測試磁控管時，發現口袋裡的巧克力融化了，但當時天氣並不炎熱，史賓塞懷疑這是否跟磁控管有關，於是他進一步做了一些簡單的測試。他首先將磁控管移到一袋玉米粒的旁邊，過不一會兒竟然爆開變成玉米花。他再用磁控管測試了帶殼的生雞蛋，結果雞蛋被煮熟且爆裂開。由於史賓塞的這一偶然發現，證實了微波具有加熱的效果。

經過一年的研究改良，雷神公司在 1947 年推出了第一台在市面上販售的微波爐。因為微波本來是作為雷達的用途，所以當時這款微波爐是被稱為『雷達電爐』。然而這第一代的微波爐是一部巨大且沉重（300 公斤）的機器，又必須以水冷卻，價格高達數千美元，且烹調容積很小，自然銷路狀況不佳。經過數代微波爐的改良，到了 1960 年代，家用微波爐的技術逐漸成熟。1962 年和 1967 年，日本早川公司和美國雷神公司分別成功製造並推出小型家用微波爐。

微波的頻率不會太低，可用來轉動分子達到加熱的功能；同時微波的頻率也不會高到破壞正常的細胞生化反應。正是居於這樣一個獨特的頻率範圍，微波可用來加熱食物，而不致破壞其營養成分；微波可使麥稈傾倒，但不致影響其後續的成長與結穗。

類比系統一
麥田圈與克拉尼共振圖形

在第 16 單元中，我們將麥田圈解釋成麥田裡的克拉尼圖案（參考圖 16.7 之右圖），這相當於是將原先的克拉尼金屬板類比成麥田，將沙子類比成麥子，而將沙子所排列成的節線，類比成麥子傾倒的路線。這樣的類比雖然還有待嚴格的檢測，但卻是一種具有啟發性的思考與聯想。

實際上我們經常使用這樣的類比方式來統一處理自然界中的不同波動 :(1) 力學波 (mechanical wave)，(2) 電磁波 (electromagnetic wave)，(3) 物質波 (matter wave)。其中的力學波最容易被觀察，因為它有振動源（例如音叉），也有傳播的介質（例如空氣或沙子）；電磁波有振動源（例如電荷的加速運動），但沒有傳播的介質；物質波則是一種抽象的機率波，它既沒有振動源，也無傳播的介質，是最不容易被觀察到的波動。這三類波動的性質雖不同，但描述它們的數學方程式是相同的，所以它們具有相同型式的解答。於是在物理上就稱這三類波動為類比系統，凸顯它們具有相同的行為模式，可以由某一類系統的行為推論另一類系統的行為。

力學波是所有波動中，最容易被視覺化、被量測的波動。

利用前述不同種類波動之間的類比關係，我們可以藉由觀察力學波在不同介質中的傳播和共振現象，而延伸至對電磁波和物質波現象的了解。在第 16 單元中，我們將麥田圈想像成是克拉尼圖案（力學波），就是採用了這一類比系統的推論：如果麥田圈也是某一種波動所造成的話，那麼它應該與力學波（聲波）所形成的克拉尼圖案之間，存在著某種類比關係，因而可以藉由克拉尼圖案的形成機制來解釋麥田圈的形成機制。

力學波具有傳播的媒介，如果該媒介又是肉眼可見的話，即可達到力學波視覺化的效果。克拉尼圖案就是以細沙粒為媒介而將力學波視覺化。如圖 16.5 所示，金屬板的振動是由中心點向外傳播，前進波碰到金屬片的邊緣後，產生反射波。在某些特定的頻率下，反射波與前進波會同步振動，形成所謂的駐波 (standing wave)。駐波一旦形成後，其波形不會隨時間而變化，此時所看到的細沙線條也同時趨於穩定。當細沙所排列成的線條不再變化時，我們將發現細沙也都不再跳動，縱使金屬板仍在持續振動著。這是因為此時細沙所排列的線條剛好就是金屬板上，振動為零的位置，即所謂的節線。所有節線所組成的集合，也就是細沙最後所形成的線條，即為克拉尼圖案。

克拉尼圖案不僅是振動波視覺化的結果，同時它也是求解三角方程式的高手。這是因為克拉尼圖案原來是下列三角方程式的解

$$\cos(n\pi x/L)\cdot\cos(m\pi y/L) - \cos(m\pi x/L)\cdot\cos(n\pi y/L) = 0 \quad \text{(C1)}$$

在方程式 (C1) 中，L 是正方形金屬板的邊長，m 與 n 是二個給定的非負整數，x 與 y 是待求解的實數。數對 (x,y) 顯示一粒沙子在金屬板上的座標位置。給定一組數字 (m,n)，所有滿足 (C1) 式的 (x,y) 座標點所形成的點集合，即是節線所在的軌跡，也就是所謂的克拉尼圖案。方程式 (C1) 不像是出現在高中數學裡的三角方程式，若要用手去求解它，是相當困難的。只能透過電腦數值方法來求解，所得到的結果如圖 C1 所示。給定一組數字 (m,n)，在圖 C1 中可找到一個相對應的圖案，其中縱方向的數字代表 m，橫方向的數字代表 n。此圖案即是在給定 (m,n) 數對下，所有滿足方程式 (C1) 的座標點 (x,y)。

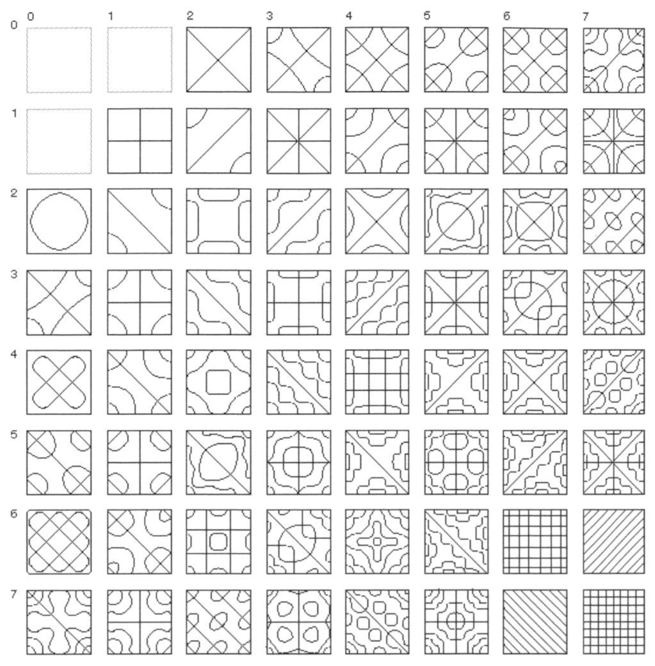

圖 C1 正方形金屬板(參考圖 16.5)振動時所產生的克拉尼圖案，這些圖案實際上是方程式(C1)的解答，其中縱方向的數字代表 m，橫方向的數字代表 n。任意給定一組數字(m,n)，則其所對應的圖案即為方程式(C1)的解答。

然而真正的克拉尼圖案不是電腦畫出來的，而是沙子跳出來的。十九世紀初期的克拉尼所發明的音波成像技術，實際上就是以『跳沙』的方式來展示方程式的解。他將均勻的細砂撒在一片平板上，然後以小提琴的弓在平板的邊緣拉彈，以使平板產生特定頻率的振動。此時克拉尼觀察到細砂會停留在沒有振動產生的節線（nodal lines，節點的集合）上。不在節線上的細砂會隨著波動的振盪持續跳動，直到細砂彈跳到節線處，並停留在不會振動的節線上。當克拉尼改變拉動弓弦的頻率時，他發現細沙圖案會隨之跟著變化，而呈現各種不同的對稱圖案。所以圖 C1 所顯示的各種圖案，除了是方程式（C1）的解之外，同時也是沙子在金屬板上，隨著弓弦拉動頻率的不同，所浮現的各種不同沙堆圖案。

克拉尼圖案的奇妙之處就在於觀察沙子跳動排列的方式，即可求出數學方程式的解。沙子的跳動與三角方程式看起來是二個不相干的系統，但沙粒中竟然會浮現數學方程式的解，其關鍵就在於前面所提到的，不同系統間的類比關係。

克拉尼圖案是在沙盤堆裡找數學方程式的解，在台灣民間宮廟有一種稱為扶鸞（扶乩）的儀式，則是在沙盤堆裡找神蹟，兩者之間似有異曲同工之妙。扶鸞是運用一 Y 字型桃木和柳木合成的木筆，放在預設的沙盤上（參考圖 C2），由鸞生執筆揮動成字，並經唱生依字跡唱出來，經記錄生抄錄成為文章詩詞，最後對該訊息作出解釋。通常沙盤上所呈現的字句都是極為古典的詩詞或文章，占卜者聲稱那些訊息是由神靈所發出。如果沙盤會浮現方程式的解，有其科學上的根據，那麼沙盤會浮現甚麼有意義的字，應該也沒有什麼好奇怪的，當然這得要先確認天上人間是否存在有甚麼類比的關係。

圖 C2 台灣民間宮廟的扶鸞（扶乩）儀式是在沙盤上浮現神靈的啟示文字，克拉尼圖案則是在沙盤上浮現數學方程式的解，兩者之間似有異曲同工之妙。圖片取材自 http://cyberisland.ndap.org.tw。

克拉尼圖案將聲音的共振予以視覺化，換句話說，我們可以透過檢視克拉尼圖案，來判定某些樂器的設計是否達到聲音共振的要求。克拉尼圖案可用以說明平面式樂器、鼓器和小提琴等樂器的工作原理，目前並被大量應用在這些相關樂器的設計和共振頻率的測量上。不僅是在聲音檢測上，克拉尼圖案還可以應用在所有與其類比的系統上，例如用來檢測物體表面密度分佈、表面應力分佈的情形，尋找肉眼無法觀測到的物體缺陷等等。藉由聲波與電磁波的類比性質，克拉尼圖案更被用以視覺化電磁波在物質中的傳播與共振情形，從而瞭解傳播物質之邊界條件對電磁波共振的影響。另一方面，藉由聲波與物質波的類比性質，克拉尼圖案也可用以視覺化微小粒子的量子行為。

麥田圈是否可能是某一種類型的克拉尼圖案？這雖然還需要進一步的認定，但可以確認的是，在實驗室可控的環境中，我們可以做出來一個十足反映克拉尼圖案的迷你麥田圈。在第 17 單元中，我們提到聲波對植物生長的影響，並在第 16 單元提到聲波的節線即是克拉尼圖案。結合此二單元的結論，我們可以設計一個實驗來製作小小麥田圈，用小麥芽成長的差異性來呈現克拉尼圖案。實驗步驟簡述如下：

1. 首先製作一個透明的音箱，音箱的內壁要有良好的聲音反射率（不吸收聲音，只有反射）。音箱的底座是可置換式的托盤，鋪上一層細沙。

2. 然後將超音波導入音箱內，讓其在音箱內來回反射，並激起細沙的振動。

3. 緩慢調整超音波的頻率，使其在音箱內產生共振。當共振發生時，箱內音波的波形不再變化（駐波），此時細沙會排列成穩定的圖案，並且不再上下跳動，此即為駐波的節線所在。拍攝記錄共振時的細沙圖案，並且記錄共振時的頻率。

4. 增加超音波的頻率，使其出現下一次的共振現象，紀錄此時的共振頻率，以及相對應的細沙排列圖案。重複相同的步驟，直到紀錄到三次的共振頻率，從低頻排到高頻，分別為 A、B、C 三個頻率，而所對應的三組細沙圖案分別為甲、乙、丙三個圖。

5. 將音箱底座的細沙拿掉，重新鋪上一層小麥種子，將超音波的頻率慢慢調到共振頻率 A，並維持在這個頻率上，持續發射約 1 小時。在此過程中，不同位置上的小麥種子將吸收到不同強度的超音波，尤其是位於節線位置上的種子，完全沒有受到超音波的照射。這些受到不同強度超音波影響的小麥種子，將來會反映在它們後續的發芽成長狀況上。經超音波照射後，將音箱底座的托盤拉出，並小心不要動到種子的位置。將此托盤命名為 1 號托盤，並放在開放的空間下，自然培育成長。

6. 重複步驟 5，並分別將超音波頻率調到共振頻率 B 和 C，受到照射的小麥種子托盤，分別命名為 2 號及 3 號托盤。

7. 三個托盤所裝盛的種子提供了三個對照組，分別對應到三個超音波的共振頻率。經過數天的培養後（在相同環境條件下），三個托盤上的小麥種子發芽成長狀況，將要分別與甲、乙、丙三個細沙圖案（步驟 4）互相比對。因為細沙的圖案紀錄了超音波強度為零的地方（節線），擺在節線位置上的種子由於缺少了超音波的照射，其後續的發芽成長狀況將與其他種子不同。所以這些生長狀態異常的種子，它們在托盤上的位置分布將會反映出當初超音波的節線位置。這一情形和閃電對麥田的影響非常相似（第 6 單元），麥田圈圖案所記錄的是當初閃電擊中麥田時，電磁波強度在麥田上的分布情形。

8. 麥田被閃電擊中，一直到麥田圈的形成，這中間有相當程度的時間差，短者數天，長者數個星期。超音波對小麥種子的影響可能也存在類似的時間差。上面實驗的目的之一就是要確認這一時間差的長短。

9. 上面的實驗是以不同的共振頻率為對照組，我們也可以用不同種類的種子為對照組。尤其是綠豆芽成長迅速，能夠快速反映超音波的強度分布，而生長出具有克拉尼圖案的豆芽圈。

國家圖書館出版品預行編目（CIP）資料

假麥田圈才是真科學 / 楊憲東著 . -- 第一版 . -- 臺北市：
樂果文化出版：紅螞蟻圖書發行，2013.09
面；　公分 . --（樂科學；4）
ISBN 978-986-5983-48-2(平裝)

1. 科學 2. 奇聞異象 3. 通俗作品

307.9　　102016300

樂科學 4
假麥田圈才是真科學

作者 ／ 楊憲東
總編輯 ／ 何南輝
行銷企劃 ／ 張雅婷
封面設計 ／ 鄭年亨
內頁設計 ／ Christ's Office

出版 ／ 樂果文化事業有限公司
讀者服務專線 ／（02）2795-3656
劃撥帳號 ／ 50118837 號　樂果文化事業有限公司
印刷廠 ／ 卡樂彩色製版印刷有限公司
總經銷 ／ 紅螞蟻圖書有限公司
地址 ／ 台北市內湖區舊宗路二段 121 巷 19 號（紅螞蟻資訊大樓）
電話：（02）2795-3656
傳真：（02）2795-4100

2013 年 9 月第一版　定價／ 280 元　ISBN 978-986-5983-48-2